U0150945

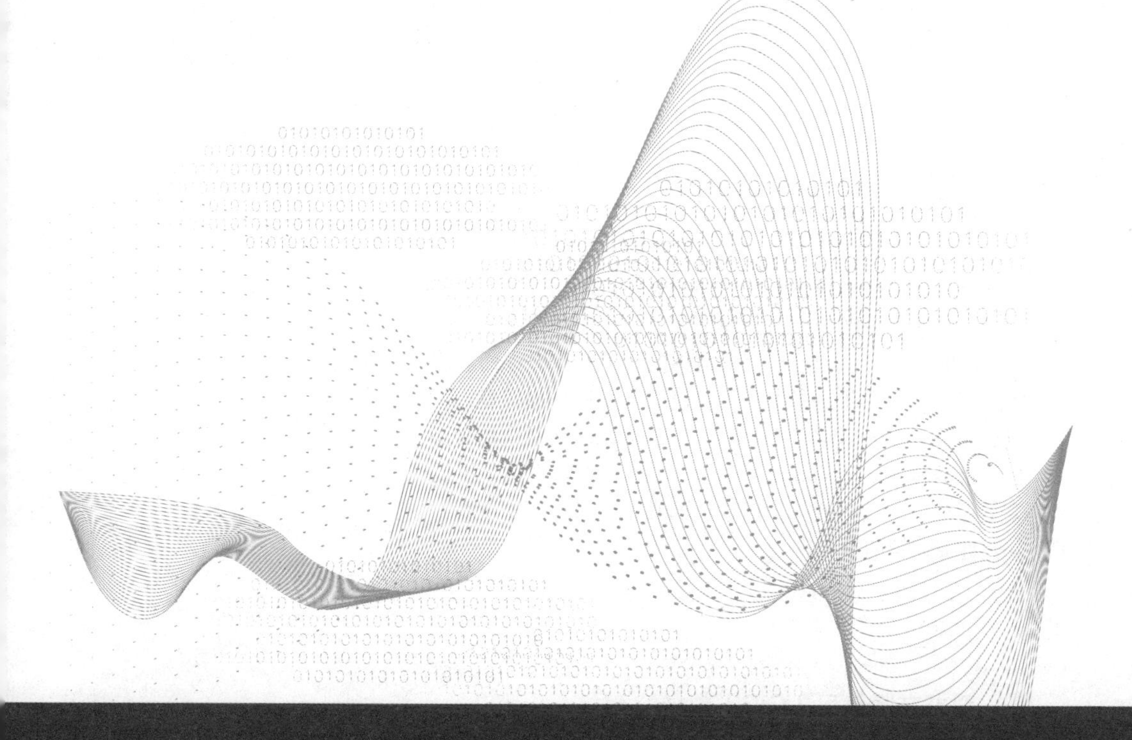

区块链从0到1

拥抱通证时代

郭凡◎著

中国纺织出版社有限公司

内 容 提 要

区块链是经济与技术相结合发展到一定阶段的产物，自诞生至今已给社会带来了巨大的影响，正在颠覆着人类的认知，未来还将更加全面深刻地影响我们工作和生活的方方面面，赋能任何产业，推动更大范围的产业变革，进而影响人类社会前进的步伐。本书从区块链的基本概念和特点入手，以通俗易懂的语言介绍了区块链的发展状况、区块链的分类、区块链的技术逻辑与经济逻辑、区块链的应用、区块链的未来展望等，引导读者认识区块链的真正要义，启发读者对区块链商业逻辑的重构。

图书在版编目（CIP）数据

区块链从0到1：拥抱通证时代 / 郭凡著. --北京：中国纺织出版社有限公司，2022. 3

ISBN 978-7-5180-8710-5

Ⅰ. ①区… Ⅱ. ①郭… Ⅲ. ①区块链技术—研究 Ⅳ. ①TP311. 135. 9

中国版本图书馆CIP数据核字（2021）第145394号

策划编辑：史 岩　　责任编辑：于磊岚
责任校对：王蕙莹　　责任印制：储志伟

中国纺织出版社有限公司出版发行
地址：北京市朝阳区百子湾东里 A407 号楼　邮政编码：100124
销售电话：010—67004422　传真：010—87155801
http：//www.c-textilep.com
中国纺织出版社天猫旗舰店
官方微博 http://weibo.com/2119887771
天津千鹤文化传播有限公司印刷　各地新华书店经销
2022 年 3 月第 1 版第 1 次印刷
开本：710 × 1000　1/16　印张：14
字数：178 千字　定价：49. 80 元

前言

互联网改变了信息传播的方式，改变了世界，公司可以跨过层层中间渠道，直接对接消费者，压低中间成本，扩大利润。信息的便捷性，不仅创造了巨大价值，也创造了庞大无比的“独角兽”企业。这些互联网巨无霸企业，通过人工智能搜集各种数据信息，再由云计算将信息提炼成未来互联网的新能源——大数据，类似现代世界的石油能源。巨无霸企业通过各种平台垄断了业务，其本质就是垄断了数据，垄断了能源。从另一个角度看，就是垄断了生产力，而这巨大的垄断更会拉大社会的贫富差距。

但是，巨头垄断的大数据来自哪里？追根溯源，就是广大用户。海量用户是大数据的创造者和提供者，无论是夜以继日地刷朋友圈，还是拼命秀视频，力争做网红，都能创造巨大价值。其实，拥有巨大价值的数据，不能为巨头所独享，应该由全社会共享。如此，才能彰显公平，将大数据应有的价值充分发挥出来。可是现实中，公司制对互联网时代的全民共享潮流造成了桎梏，将创造价值的民众阻隔在价值链之外，使之只能获取部分积分、返利、打赏等蝇头小利，无法分享大数据红利，无法成为长期利益的获得者，热情被无情地浇灭！而区块链的横空出世，给改变这种局面带来了一道新的曙光，同时也给巨无霸公司的垄断机制敲响了警钟。

很多人评论说：“二十年之后，人们会像今天谈论互联网一样谈论区块链，几乎所有交易都会在区块链上完成。”有人评价：“区块链是重构社会关系的革命性技术，犹如15世纪出现的公司制一样具有划时代意义。”从社会发展史来看，公司制是生产关系的一次革命，而区块链更可能成为一次新的生产关系革命。

区块链经济的核心不在于技术，而在于商业逻辑的重构，因此，这不仅是一场技术革命，更是一场认知革命。采用区块链模式，传统的公司模式可能会被基于通证经济模式、数字经济模式的新的公司运营机制取代。

传统的垂直式、矩阵式、事业部制等组织模式是公司制在发展过程中为了适应管理和经营需要而产生的组织模式，不仅复杂，而且多了官僚味。在区块链模式下，这些组织模式会变得更简单，更加分散化和社区化；依托于社区，小型的作战团队和强大的社区后台会成为该模式的支持者，会围绕通证模式产生新的经济关系、权利和义务模式；各公司也将制订出合适的业务流程和制度。

从目前区块链的发展情况来看，未来公司组织很可能被社区取代，社区会取代董事会和决策层通过投票进行重大决策，各级职能部门也会发生改变，比如：

人力资源部门：不再需要主动或双向地寻找人才，从社区的信仰者中就能发现人才。

财务部门：记账和会计功能会弱化，因为有了新的通证支付和结算体系，财务工作更多地通过智能合约和计算机技术实现；审计部门的功能基本会被取代，因为基于区块链的财务信息本身就具有不可窜改和可追溯的特点；财务的核心会转向通证价值运营和金融功能。

市场营销部门：不再是单向产品的推销者，而变为通证价值和社区价值理念的传播者，会引导客户和用户深度参与社区，转变为一种具有长期价值理念的营销模式。

品牌公关部门：是社区正面形象的积极维护者，可以增加内外部客户和用户对社区的认知度与共识，能够有效联结社区内部和外部的参与。

未来，公司会更虚拟化，不需要设立总部、分支，不需要雇用坐班的长期职员，不需要庞大的官僚经营管理机构；公司的治理最高权力来自社区，社区是虚拟的，由拥有共同愿景和持有通证的各色人员组成，平时分散在各地，会通过社区治理机制实现日常和重大决策的管理。拥有通证，就拥有了公司的各种权利，如经营权、治理权、决策权、投票权、分红权等。共识将会取代公司制度和流程。

区块链 3.0 时代的来临，将颠覆我们现在所有的认知，我们也将跨入一个全新的时代，不再发生信任危机。这是继互联网技术之后的新一代技术创新。区块链 3.0 更具实用性，涉及生活的各个方面，可以赋能任何行业，足以推动更大的产业改革。

回顾历史，第一次工业革命时，蒸汽机将人类从农业社会带进了工业社会。经过工业化改造以后的社会，具备了一定的工业基础，为第二次电气化革命铺垫了基石。如今，互联网大幕拉开，开启了一个新时代，孕育了更多的革命性科学技术，其中以区块链技术登场为里程碑，互联网即将提速进入下半场。嗅觉敏锐的人，已经早早地介入区块链领域，积极参与到技术推动的变革浪潮中。每个人都跃跃欲试，幻想着自己也能借助区块链这个“风口”，找到自己未来的位置。而忽视区块链崛起的企业和个人，只能被时代淘汰。

区块链给社会带来了巨大变化，上至各国政府，下至跨国组织和企业，都在谨慎、乐观地研究和适应新的变化。为了了解更多的区块链知识，普通民众只能看新闻、学视频、听广播……但碎片化的知识信息并不能满足大家学习的需求。

为了给读者以启示和帮助，我特意编写了本书。此书从区块链的基本概念和特点入手，以通俗易懂的语言介绍了区块链的发展状况、区块链的分类、区块链的应用、区块链的未来展望等，引导读者认识区块链的真正要义。

区块链是新时代发展到一定阶段的产物，和如今盛行的比特币、大数据、云计算、共享经济等也有着千丝万缕的关联，本书对此也作了相应的介绍。

另外，中国人民银行、工业和信息化部、中国银行业监督管理委员会、中国证券监督管理委员会、中国保险监督管理委员会日前联合印发了《中国人民银行 工业和信息化部 中国银行业监督管理委员会 中国证券监督管理委员会 中国保险监督管理委员会关于防范比特币风险的通知》（银发〔2013〕289号，以下简称"《通知》"）。

《通知》明确了比特币的性质，认为比特币不是由货币当局发行，不具有法偿性与强制性等货币属性，并不是真正意义的货币。从性质上看，比特币是一种特定的虚拟商品，不具有与货币等同的法律地位，不能且不应作为货币在市场上流通使用，本书涉及的比特币内容仅限于研究探讨。

郭凡

2021年3月

目 录

第八章　区块链的应用

第九章　拥抱通证经济

附录：数字贸易联盟链手册

第一章
什么是区块链

第一节　区块链的由来

（一）什么是区块链

2019 年 10 月 24 日下午，中共中央政治局就区块链技术发展现状和趋势进行第十八次集体学习时指出，要把区块链作为核心技术自主创新重要突破口，加快推动区块链技术和产业创新发展。这让区块链的概念又一次火了起来。那么，究竟什么是区块链？它又是如何产生的呢？

举个例子：

假设有一个小山村村委会主任德高望重，管理全村的账本，村民们因为信任他，都将钱存放在他那里，这是村民们对中心化的信任。如果一位村委会主任新上任，村民对他缺乏信任，怎么办？为了解决这个问题，新村委会主任可以给每个村民分发一本账本，只要涉及转账问题，就通过村里的大喇叭发布消息，收到消息后，村民就可以在自家账本上记下这笔交易，这就叫去中心化。有了分布式账本，即使某个村民将账本丢了也没关系，因为其他村民也有账本。每天，大家都会在公认的账本后面添加新的交易，且其他人也会参与验证当天的交易。最后，公认的账本只会增加，绝不会减少，后续加入的成员都会在原有账本里继续记录。

可见，所谓区块链，就是借助分布式账本，买家和卖家直接交易，不需要任何中介；每个人都有备份，即使自己的备份丢失了，整个交易也不会受任何影响。

从本质上来说，区块链是一个去中心化的记账系统。“去中心化”是一个与“中心化”相对的概念，比如，甲、乙两人发生了交易，为了证明交易是实际存在的，就需要由第三方现场证明并将交易记录到第三方账本上，该第三方就是中心化账本。但是，中心化也会出现一些问题，比如，第三方被一方收买，毁坏或修改交易数据；或第三方丢失了账本，都会引发严重的问题。而去中心化则可以顺利解决这个问题。

简言之，所谓去中心化，就是发生一笔交易后，很多人对这笔交易进行记账。每个人都有一份交易数据，这样就使数据很难被窜改，即使偶尔将一份丢失，也不会影响该交易的存在性证明。

在网络中，记账的过程是由计算机来完成的，很多计算机节点都会参与其中。那么，参与记账有什么好处呢？首先，记账成功的人会获得一笔奖励，即比特币（BTC）。为了在众多参与者中找到第一个记账成功的人，系统规定：记账时每个人都要解出一道算法题，计算机会随机尝试获得系统所需的解。最先得出系统所需解的计算机节点，就能获得记账的权利，该记账成功的人则可以获得比特币。

记账成功的人利用计算机把 10 分钟内网络上产生的交易记录打包，该包就是区块。然后，记账成功的计算机节点需要把当前区块连接到前 10 分钟别人记账的区块后面，按照时间顺序，形成一条长链，就是我们今天要讲的区块链。该长链存储在每个计算机节点中，可以形成可靠的记账系统，很难被窜改。

（二）中本聪和区块链

2008 年 11 月，一个叫中本聪的人发表了《比特币：一种点对点的电子现金系统》一文，提出了“比特币”的概念。两个月后，该理论就被运用于实践。2009 年 1 月，序号为 0 和 1 的区块相继出现，并连接成链，标志着区块链的诞生。

区块链的出现，解决了传统网络交易过程中面临的诸多问题。从数据的角度来说，区块链是一种几乎不可能被更改的分布式数据库，不仅体现在存储架构上，也体现在分布式记录中，即由系统参与者共同维护分布账户。

区块链不是单一的技术，而是多种技术的复合，包括分布式存储、数字签名和P2P网络架构等。

以支付宝交易为例，传统的交易方式是买家在淘宝网购买商品，然后将购买商品的钱转入支付宝，待卖方发货及买方确认收到货后，买方再通知支付宝将钱转入卖方账户。这里，支付宝就是一个中心化的交易机制，支付宝作为中间机构，创造了安全的交易环境，为双方的资金和商品提供了安全保障，但却存在一个隐患：我们知道，第三方支付就是中心化的交易平台，一旦该平台出现风险，就会引发难以想象的后果。中本聪就是最早提出这个质疑的人。

在中本聪的技术白皮书里，他认为，第三方支付担保机构也是一家普通公司，完全没必要存在；离开了他们的帮忙，也能顺利完成电子现金支付。之后，他还给出了技术解决方案，并详细论述了这套解决方案的优势，比如，使用该技术方案，即使没有第三方机构做信用背书，也能解决人类经济活动中的信任问题，保证交易数据的可靠性和完备性。

2009年上半年，中本聪开发出比特币的第一个代码版本，当时还没有出现“区块链”这个概念。但是，中本聪设计了最核心的数据结构，即区块的底层数据结构——MsgBlock（一个区块包含多条交易记录）。在该数据结构中，有一个字段是Block Header，意思是“区块头”；该结构体字段中，包含一个关键字段PreBlock，即“区块的前置区块”。整个底层交易数据块就是通过该字段链接成一条逻辑上的区块链表，这说明每笔钱从哪里来，到哪里去；同时，每一步都要依靠密码学的非对称加密来保证来源的唯一性和安全性。

该区块链表的构成共有两个最基本的支撑：一是密码学，二是共识算法。二者的共同之处在于：密码学、共识算法都经过了数学严格论证；二者又是构成比特币系统底层数据的核心基础，配合一定的软件逻辑流程和对等网络，就能实现中本聪电子交易的去中心化构想。

中本聪在网上公开了自己的技术方案和技术实现后，一大批技术极客纷至沓来。他们不断地丰富和完善这套比特币系统，慢慢地发现，完全可以将围绕区块构建起来的技术系统抽象出来，然后应用到其他生活场景中去。如此，区块链就诞生了。

简言之，区块链就是从比特币具体应用中孕育提炼出来的，整个过程如下：中本聪发表了一篇比特币白皮书，然后给出了一个技术实现，接着一大批技术极客不断地丰富比特币的实现，慢慢地大家发现比特币的底层技术可以抽象出来，应用于其他场景，于是就有了区块链技术。

第二节　区块链的特征

区块链是一台创造信任的机器，更是一个安全可信的保险箱，即使人与人之间互不信任，没有权威的中间机构进行统筹，人们依然可以愉快地进行信息互换与价值互换。

区块链的典型特征主要包括以下几点：

特征 1：去中心化

何谓区块链的去中心化？为了解释“去中心化”，首先要了解什么是

“中心化”？举个例子：

某公司召开一场研讨会，以嘉宾为中心，并邀请嘉宾阐述自己的观点和主题。通常，与会者只会向嘉宾进行提问，不会直接跟其他与会者进行一对一的沟通。而在“去中心化”系统中，会议就变成了一个英语角模式，每个与会者都可以发表自己的意见，可以和任何与会者进行沟通。

这种与会者与嘉宾多对一的互动模式，在计算机里就叫主从式架构；而像英语角这种模式，在计算机里则被称为点对点架构（P2P）。所以，区块链概念里的“去中心化”其实就是P2P。

其实“中心化”这个词最初出现的时候，只是表示自然科学中的一个生态学原理：在一个分布着众多节点的系统中，每个节点都高度自治。节点之间彼此自由连接，形成新的连接单元。任何一个节点都可能成为阶段性的中心，但不具备强制性的中心控制功能。节点与节点之间的影响，会通过网络而形成非线性因果关系。随着主体对客体作用的深入和认知机能的不断平衡，以及认知结构的不断完善，个体就会从自我中心状态中解除出来。

一句话，结构层去中心化，决策层去中心化，逻辑层去中心化，这种开放式、扁平化、平等性的系统现象或结构，就是去中心化。去中心化的特点如下：

（1）抗作弊性。去中心化系统的参与者一般都无法同流合污，为了提高参与者对区块链社区的忠诚度，需要一定的社交干预，设计出一个超级协议机制，做出明确规范，对不应该做的事情进行明确。

（2）较强的容错性。例如，由同一个工人组装四个飞机引擎，该工人就是中心。去中心化的系统由众多不太关联的组建构而成，有着较强的容错性，一般很难因意外挂掉。

（3）抗攻击性。去中心化系统是分布式结构，缺少低成本攻击敏感的中心点，攻击成本非常高。

特征 2：记录无法篡改

记录不可篡改是记录可信的必要条件，如果在现实生活中无法确认某条信息的真实性，就要让第三方信任角色参与进来，比如，让政府出具证明。也就是说，还要找到一种大家都认可的、可以确保信息记录不可篡改的方法，省去第三方信任角色。比如，日报一旦发行出去，上面的信息就不可篡改，只要在发行之前确认印刷的内容都是正确的即可。

那么，在区块链设计中，如何保证记录不可篡改？

想象一下：如果你管理一家公司，财务账簿出现造假现象，谁是最大的怀疑对象？财务记账人员。为了有效避免这种现象的出现，就要建立一些财务制度，如复核员制度、定期审计制度、随机检查制度、对账制度等。可是，这些制度都有缺陷，存在滞后性及串通一气的道德风险。

如果不考虑成本和效率，最有效的方法就是找 1000 个财务记账人员，每笔记账业务都随机选择任意一个人来操作，每个人在记账时都要对之前的账目进行一次审计，确认无误后记录好当前这笔业务；选定下一个记账人后，将账本交给他，由他再审计一遍，如此连续下去。如果审计程序固定，正确执行，就能将账簿中的错误记录进行纠正，每个人记假账的动作就会变得毫无意义。

在这个情景中只有一个账簿，如果记第一笔账时让 1000 个人同时见证其真实性，并且每个人建立一个账簿，之后的工作就会变得更加简单。被选中的记账人将要记账的信息发给所有人，由他们对当前业务和上一笔业务进行审计并给出正确或错误的提示，这就是区块链的共识记账逻辑。用这种方式记录的信息是不可篡改的，想要修改历史数据，必须换掉所有人手中的账簿，但如果想修改当前数据，至少要把所有人手中账簿上的每一笔记录都修改成和自己的一样，同时还要保证自己是被选中的当前的信息发布者。

不可窜改性是获得参与者信任的重要条件之一。区块链通过时间戳证明、首尾相连记账规则、哈希加密算法、共识机制等技术应用和机制设计，将记录不可窜改性做到了极致。

特征 3：去信任

区块链的去信任，是指用户不需要相信任何第三方，完全可以用去信任的系统或技术处理交易，非常安全与顺畅。数据库和整个系统的运作公开透明，在系统规则和时间范围内，节点之间无法彼此欺骗，系统中的所有节点不用信任也可以进行交易。

区块链的分布式记账技术主要体现在所有存储数据对系统内各节点的公开化与一致化，类似于一个公开透明的全社会“征信”系统，打破了社会中信息不对称、不可信等僵局。这一特征就是“去信任化”。这种去信任化是依靠整个系统的运作规则公开透明取得的。这里的运作规则泛指区块链中运行的各种安全协议，保证了去信任化能在节点间无须互相信任的条件下获得，无任何附加要求和限制。

（1）区块链中安全协议的设计。为了实现去信任化，区块链中安全协议的设计不仅要满足分布式运行的特点，还要具有容错性和抗攻击能力。这两个特征为区块链奠定了安全高效的网络运行基础。

（2）拜占庭一致协议具有的抗攻击能力。在技术层面，区块链的去信任化有赖于拜占庭一致协议具有的抗攻击能力。拜占庭容错特性对保障区块链系统安全具有重要的理论和现实意义，任意少数节点的损坏或失去，都不会影响整个系统的运作。在此基础上，通过安全协议的构造可以实现区块链系统极好的健壮性。

（3）多方协作安全机制的引入。多方协作安全机制的引入，使区块链中存储的交易记录具有“公信力”。这种公信力既是一种社会系统信任的表示，也是公共权威的真实表现。同时，这种公信力还要受到各方面的监督，具体表现在区块链所体现的权力制衡思想，即任意节点之间的权利和责任是均等的，通过共识机制实现集体意志的体现。

特征4：自治性

所谓区块链自治性，是指建立在区块链上的去中间层、自治组织系统的运行方式和策略安排等规则。区块链自治规则，由计算机代码实现，由区块链协议保障其运行，根据既定条件自动触发。

区块链上的自治，由多个参与方、多个中心系统按照公开算法和规则形成的机制来运行，记录在区块链上的每一笔交易都准确且真实。每个人都能对自己的数据做主，这是实现“以客户为中心”商业重构的重要一环。

区块链的智能合约，是基于协商一致的规范和协议，整个系统中的所有节点都能在去信任的环境中自由安全地交换数据，使得对“人”的信任改成对机器的信任，任何人为的干预都不会发挥作用。延伸到社会生活和商业运行方面，可以让机器参与投票、信任、承诺、协作、判定、判断和执行。

在信息的质量和真实性上，区块链为人类提供了高精度匹配，如大数据、云计算、物联网、人工智能、机器人等越来越多，且被连接到一个可以互相通信的网络；为了实现不同程序的目标，需要数字智能在网络上进行传输和交易。许多任务完全可以通过区块链来自动管理，让原本只有人类才有的意识或思维，通过区块链在未来的生活、工作中发挥重要作用。

特征5：匿名性

所谓匿名性，是指在“去个性化”的群体中个人将自己的性格隐藏起来。对于区块链来说，指的是别人无法知道你在区块链上究竟有多少资产、跟谁进行了转账，甚至还会对隐私信息进行匿名加密。

匿名性借用了区块链基本、高级、极致等不同加密技术。其中，应用数字资产时，只能查到具体的转账记录，除了地址，无法知道更多的信息。不过，知道了具体地址，就能知道人，转账记录和资产信息也就有了踪迹。如果使用较为高级匿名的技术，即使查到了转账地址背后的人，也无法知道其他信息。

除了资产方面的匿名性，多数基于区块链技术的应用也具备匿名性，很好地保护了用户的隐私，如投票、选举、隐私保护、艺术品拍卖等。通过区块链，可以查询到每笔交易的数据信息，却无法得知具体的交易者，有效实现了交易的匿名性。

当然，区块链的匿名性，尤其在资产上的匿名性也颇具争议。在交易、隐私等方面，这一特性确实起到了重要的保护作用，但也为一些违法犯罪行为提供了保护伞。如今，区块链的应用还处于初级探索阶段，如何将其作用最大化、如何避免有人借助区块链进行恶意破坏，还需要不断探索。

特征6：开放性

系统是开放的，除了交易各方的私有信息被加密外，区块链数据对所有人公开，任何人都能通过公开的接口查询区块链数据和开发相关应用，使整个系统信息高度透明。由此，只有具备主动性的共识指向，才能实现自我进化。

共识主动性得以实现的一个前提是要有充分的信息交流，但这种交流不能从参与成员那里获得，因为去中心化不能以会员为中心，参与者相信的不再是某个成员，而是成员所在的系统本身；系统只有带有充分披露信息的功能，才能使本身的信息公开透明，且达到最大化。但是，由于只有系统本身可信，系统内部成员并不可信，于是就产生了相对于系统其他成员匿名的需求。这在设置上表现为：用户可以使用各种化名在前台完成多样化的操作，但无论使用什么化名，操作都对整个系统公开。

特征 7：信息不可窜改

区块链是一种不可窜改的分布式记账系统，链上的数据具有时间戳且不可窜改，与商品溯源防伪业务中数据的记录要求颇为吻合。从生产到销售，每类商品都要经历一套复杂的流转流程。在某些关键节点，就可以设置一个全链密钥。所谓密钥，就是在一串加密地址上携带这件物品的详细信息，将人和物等信息都被区块链密钥标记，一旦信息经过验证并添加到区块链，就会永久被存储起来。除非同时控制系统中超过 51% 的节点，否则在单个节点上修改数据库无效，可见区块链数据有着极高的稳定性和可靠性。

特征 8：信息可溯源

溯源，包括信息的搜集、整合和展示，也需要让人们相信。传统信息只能对接给一个中心的记账方式，从技术的角度来讲，信息是可以窜改的，但是有了区块链，信息一旦记录到区块链上，就无法更改；而且，区块链的信息记录不仅自己有，品牌商也有，检测机构也有，政府监管部门也有，如此就很好地解决了信任问题。一旦建立了不可窜改的信息，也就确定了物理世界的商品在互联网世界中的唯一身份，同时实现基于该身份流转的所有追踪和记录。

第三节 区块链是如何工作的

区块链技术不仅能创建密码货币，还可以支持个人身份识别、同行评审、选举等。那么，区块链技术是如何工作的？

（一）区块

在了解区块链是如何运作的之前，我们先来看看区块的组成。

区块共分为两部分：一部分是区块头，另一部分是包含了所有交易记录的数据主体区块。

区块头共包括三组元数据，如图 1-1 所示。

（1）用于连接前面的区块、索引自父区块哈希值的数据；

（2）挖矿难度、Nonce（随机数，用于工作量证明算法的计数器）、时间戳；

（3）能够总结并快速校验区块中所有交易数据 Merkle（默克尔）的树根数据。

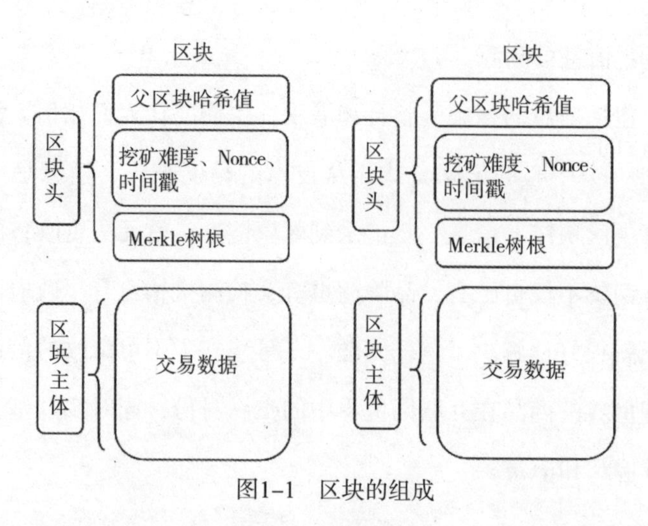

图1-1 区块的组成

哈希算法是一种单向密码机制，可以保证区块链数据不被窜改。在区块链中，使用 SHA-256 安全散列算法对接收的一段进行加密，过程不可逆，输入的明文和输出的散列数据一一对应，如图 1–2 所示。

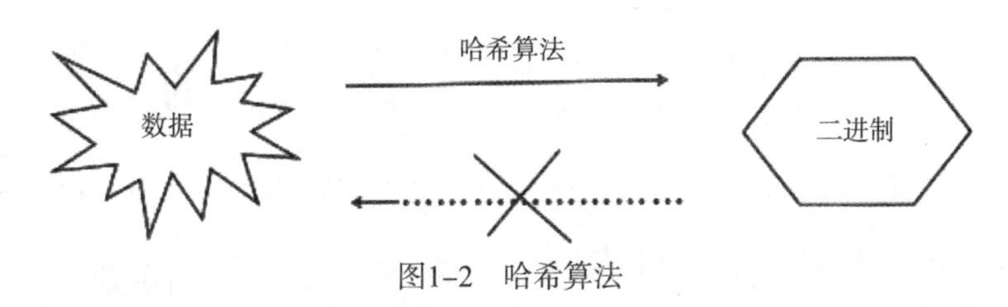

图1–2 哈希算法

时间，是每次交易记录的认证，从区块产生的时候一直存在。时间戳会将前一个时间戳纳入随机哈希值中，同样具有不可窜改性。这个过程不断重复，依次相连，就能形成完整的链条，如图 1–3 所示。

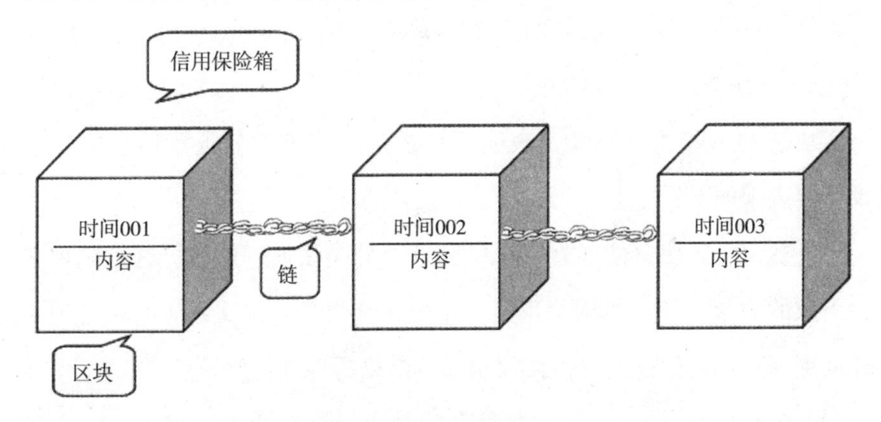

图1–3 完整链条

网络运行的方式是利用菊花链式数据块来记录和验证发生的每一个事务，每个块都包括一个散列、各种数字指纹、最近区块链交易的时间戳批处理。

（二）区块链的工作原理

区块链的工作原理可以简单描述如下：

甲想给乙发钱，交易在网络上以一个区块作为代表，该区块会将这条信息广播给网络里所有的参与者，参与者同意，则交易有效，该区块就会被添加到链上。这条链提供永久和透明的交易记录，资金从甲转移到乙，全网一本账，每个人都可以查找。

在这个分布式的数据库里，记账不是由个人或某个中心化的主体来控制的，而是由所有节点共同维护、共同记账。所有的单一节点都无法窜改，要想窜改一个记录，需要同时控制整个网络超过51%的节点或计算能力，而区块链中的节点无限多，且无时无刻不在增加新的节点，因此根本不可能具有这样的掌控力和算力。

区块链是一个互相验证的公开记账系统，可以将所有账户发生的交易记录下来，各个账号的每笔数额变化都会被一一记录在全网总账本中。所有数据公开透明，任何人都可以查看它的源代码；人们通常都会信任这套去中心化的系统，不会担心里面是否隐藏着阴谋。

（三）区块链是如何工作的

区块链的一些关键属性，表明区块链优于传统的分类账信息保存系统，主要表现如下：

（1）共识。区块链能通过共识机制，对分类账进行更新。这是赋予它权力下放的力量，任何机构都不能控制更新分类账。相反，对区块链进行的任何更新，都会根据区块链协议定义的严格标准进行验证。

（2）Peer-to-Peer（点对点）。没有控制或操纵它的中央权威，所有参与者直接交谈，可以直接与第三方进行数据交换。

（3）不可改变。数据只能按照一定的时间顺序添加到区块链中，一旦实现了这一步，数据就几乎不可能改变了。

（4）密码安全。将密码技术用于安全服务，分类账本就能有效防止窜改事件的发生。

（5）分布式。分类账分布的存在，使整个网络中不容易发生窜改事件。

区块链究竟是如何工作的?

（1）节点创建事务，用私钥对进行数字签名，就能启动事务。事务可以表示区块链中的各种操作，其数据结构通常包括传递逻辑、相关规则、目标地址和其他验证信息。

（2）新创建的块是分类账的一部分，下一个块以加密方式链接回此块。此链接是一个哈希指针。交易获得第二次确认，该块获得第一次确认。

（3）用 Gossip 协议将事务传播到基于预设标准验证事务的对等体。通常，需要多个节点来验证事务。

（4）每次创建新块时，都会重新确认事务。通常，需要在网络中进行六次确认，才能考虑最终交易。

（5）验证了事务，它会被包含在一个块中，该块传播到网络上，交易就会被视为已确认。

第四节　区块链的迭代

（一）区块链 1.0，数字货币时代

在中本聪的第一批比特币诞生的那一刻，就预示了区块链 1.0 时代的到来。

区块链 1.0 时代重新定义了“数字货币和支付手段”，比特币就是区块链 1.0 的代表，也是最成功的区块链 1.0 技术的应用。通过这种区块链技术诞生的数字货币，一般都具有交易、支付和流通等货币功能，不用中心化机构进行管理，能够去中心化地记录所有的交易记录。这个行为将计算机中挖出的虚拟货币与现实中的实物联系起来，具有里程碑意义。

区块链 1.0 时代的特征主要体现在四个方面，如表 1–1 所示。

表1–1　区块链1.0时代的特征

特征	说明
以区块为单位的链状数据结构	把系统中的数据块通过加时间戳的方式按照时间顺序通过密码学的技术手段进行有序链接，一旦系统中的节点生成新的区块，就需要将当前的时间戳、区块中的所有有效交易、前一个区块的散列值以及梅克尔树根值等内容全部打包上传，并向全网广播。区块链中的各区块信息都与前一个区块信息密切相连，随着区块长度的增加，要想改变某一个区块的信息，该区块之前的所有信息都需要改变。如此，就保证了账本的安全性和不可篡改性
全网共享账本	记录交易历史的区块链条被传递给区块链网络中的每一节点，各节点都拥有一个完整且信息一致的总账，即使某一节点的账本数据遭到篡改，也不会影响总账的安全。区块链网络的节点都是通过点对点连接起来的，不存在中心化的服务器
源代码开源	区块链源代码开源可以吸引更多的程序员参与其中，共同建立社区生态。参与的人越多，区块链社区氛围越好，项目也会更有价值，是一个良性循环。区块链的共识机制就是以通过开源的源代码进行验证的
非对称加密	非对称加密技术的使用，将公钥和私钥结合起来，搭建起比特币使用的安全防御系统

（二）区块链 2.0，智能合约时代

2013 年年底，以太坊的出现拉开了区块链 2.0 时代的帷幕，即可编程区块链，主要特征是智能合约技术。以太坊赋予区块链一定的商业应用潜质，解决了比特币扩展性不足的问题，也为广大开发者提供了一个基于区块链技术的创新应用平台，降低了开发者的技术门槛，实现了区块链应用场景的多元化。

区块链 2.0 时代创建的“超级计算机”有很多节点，每一节点上都有很多等待执行的智能合约。而智能合约的执行需要矿工提供算力支持，因此矿工也会获得一定的报酬。换言之，在这个超级计算机下，智能合约不再需要人为执行，只要利用程序算法即可。

以太坊基于区块链技术为市场创建了一个操作系统，只要有智能合约，即有一个规则，基于区块链技术的应用场景就可以搭建起来。也正因为如此，在区块链2.0时代，区块链技术得以成功地运用到供应链金融，物联网，应收账款、票据，股权、债权和产权的登记、转让，证券和金融合约的交易、执行，甚至博彩和防伪等领域。

智能合约是一种可以自动执行的简单交易，在日常生活中，与我们有什么联系呢？举个简单的例子：

我们打个赌，如果明天下雨，算我赢；如果明天不下雨，你就赢了。打赌的时候把钱放进一个智能合约控制的账户内，第二天结果出来后，智能合约就可以根据收到的指令自动判断输赢，并进行转账。这个过程是高效的、透明的，不需要公正等第三方介入。也就是说，有了智能合约后，打赌就没办法赖账了。

1. 智能交付

区块链的一个重要方向是利用数字货币与传统银行和金融市场做对接。比如：

Ripple Labs（旧金山数字支付公司）正在使用区块链技术对银行业生态系统实现重塑，使用Ripple支付网络，就能让多国银行直接进行转账和从事外汇交易，不需要第三方中介。

Paypal（纳斯达克）在做比特币、传统金融和支付市场对接的解决方案。

BTC Jam在做基于区块链的去中心化P2P借贷。

Over stock在做基于区块链的去中心化证券交易所Medici。

2. 数字资产

所谓数字资产，是指以区块链为基础的可交易的所有资产类型，包括有形资产和无形资产。数字资产通过区块链控制所有权，并通过合约来符合现有法律。智能资产的运用，让无须信任的去中心化资产管理系统的构建成为可能。区块链可以用于任何资产注册、存储和交易，包括金融、经济和货币等各领域。区块链开辟了不同类型各个层次的行业运用功能，涉及货币、市场和金融交易，使用区块链编码的资产能够通过智能合约成为数字资产。

3. 智能合约

所谓传统合约，是指双方或多方协议做或不做某事来换取某些东西，每一方都要信任彼此会履行义务。而智能合约则无须彼此信任，因为智能合约不仅是由代码进行定义的，还是由代码强制执行的，完全自动，无法干预。智能合约具备三个特点：自治、自足、去中心化。所谓自治，就是合约一旦启动就会自动运行，不需要发起人进行干预。所谓自足，就是智能合约能通过提高服务或发行资产来获取资金。所谓去中心化，是指智能合约是去中心化的，不依赖某个中心化的服务器，是分布式的，且通过网络节点自动运行。

4. 智能合约面临的问题

智能合约具有巨大的优势，但也面临着两个问题：一是人们还不太了解公众智能合约，需要花费一定的时间进行普及；二是为了保障智能合约的法律效力，需要制定新的法律和法规。

智能合约能最大限度地以信任的方式来解决问题，能让事情的处理变得更加便捷，因为是通过全自动执行来替代人工判断。智能资产是以区块链为基础的可交易的所有资产类型，具体表现为：通过区块链来控制所有权，并通过合约符合现行法律，其核心是控制所有权，通过私钥对在区块链上注册的数字资产来随时使用。

（三）区块链 3.0，价值服务时代

目前，整个区块链的发展正处于 2.0 时代与 3.0 时代之间，区块链 3.0 还未真正到来。区块链 3.0 的定义，目前还没有最终达成共识，但 AE、EOS、ADA 等一系列项目都号称自己是区块链 3.0。仔细研究这些项目的共同愿景可以发现，区块链 3.0 具有高并发、可扩展、多链互通、应用更广泛等基本特点。

区块链 3.0 时代是人们对未来虚拟数字货币经济的一种理想化愿景，在区块链 3.0 里，人们能真正实现资产上链在一个大的底层框架内构筑各式各样的应用，打造出无信任成本、交易能力超强、风险极低的平台，实现全球范围内日趋自动化的物理资源和人力资产的分配，促进科学、健康、教育等领域的大协同。

区块链 2.0 对数字身份、智能合约等基础设施进行了构建，将底层技术的复杂性隐藏起来，应用开发者可以将注意力放在应用逻辑及商业逻辑层面。如同计算机的 Windows 系统出现后，电脑操作更加便捷，最终走进了千家万户。新技术催生新技术，通证就此出现。通证，是区块链网络上的价值传输载体，有力促进了生产关系的变革，而这也是它对人类社会的最大作用。

人人都在期盼区块链 3.0 时代的到来，那时区块链的价值将远超货币、支付和金融等经济领域，利用它的优势，能够重塑人类社会的方方面面。虽然区块链技术不能改变一切，但是却可以延续互联网的力量来改变世界！

第五节　区块链的发展与应用场景

区块链技术的实际应用，才是价值核心。但并不是任何应用都要用区块链，将区块链概念进行无限扩大，希望通过区块链整合所有应用，既无助于促进区块链的健康发展，也有悖于区块链的根本初衷。不管是“区块链+”或者“+区块链”，都必须实现成本的下降或效率的提升，如此区块链才有生命力。

（一）区块链的发展现状

目前，我国已经在各地全面布局区块链产业。截至2019年上半年，国家及各部委出台的有关区块链的政策总数已达12项，北京、上海、广州、浙江等全国许多省（市、区）发布政策指导文件。

区块链技术创新和应用研发蓬勃发展，国内区块链企业初具规模，互联网巨头提前布局区块链，我国已出现具备核心技术的区块链底层平台，区块链标准研制已走在世界前列，区块链技术已经在银行、保险、供应链、电子票据、司法存证等领域得到应用验证。

现阶段，我国区块链应用发展状况如表1–2所示。

表1–2　我国区块链应用发展状况

发展状况	说明
金融及企业服务应用是主力军	目前，我国区块链应用主要集中在金融服务和企业服务方面，占比超过80%。金融服务应用主要包括：跨境支付、保险理赔、证券交易、票据等。企业服务应用主要集中在底层区块链架设和基础设施搭建，主要为互联网及传统企业提供数据上链服务，包括数据服务、BaaS平台、电子存证云服务等

续表

发展状况	说明
电子存证领域多点铺开	2018年9月7日，最高人民法院印发，《最高人民法院关于互联网法院审理案件若干问题的规定》，首次承认了区块链存证在互联网案件举证中的法律效力。2019年8月，最高人民法院宣布搭建人民法院司法区块链统一平台，并牵头制定了《司法区块链技术要求》《司法区块链管理规范》，电子存证领域多点铺开
重点探索政务民生领域	政务民生领域的区块链应用落地集中开始于2018年，在政务方面，主要应用于政府数据共享、“数据铁笼”监管、互联网金融监管、电子发票等领域；在民生方面，主要应用于精准扶贫、个人数据服务、医疗健康数据、智慧出行等领域
赋能数字经济模式创新	区块链是新型信息基础设施打造数字经济发展新动能，与各行业传统模式融合在一起，有利于实体经济降低成本，提高产业链协同效率，构建诚信产业环境
区块链企业主要集中在一线城市	从拥有区块链企业数量来看，北京、上海、广东、浙江等位于前列，超过50%的企业从事金融行业和实体经济应用
区块链应用多元化	区块链技术与实体经济产业深度融合，形成了一批产业区块链项目，迎来了实体经济产业区块链百花齐放的新时代
专利申请量快速增长	截至2019年7月25日，全球公开区块链专利的申请数量高达1.8万，我国在全球专利占比份额超过半数
数字身份领域备受关注	随着物联网技术的不断发展，基于区块链的个人数字身份认证和设备身份认证应用已经成为区块链产业发展的中坚力量
金融服务领域成效显著	目前，国内一定数量的金融业应用已经通过了原型验证和试运营，涉及供应链金融、跨境支付、资产管理、保险等细分领域
产品溯源领域优先起步	区块链作为一种新兴技术，打造了一种去中心、价值共享、利益公平分配的自治价值溯源体系

（二）区块链应用的主要场景

经过数年的发酵，区块链技术不仅在应收账款、电子存证、资产证券化、票据业务、供应链管理、产品防伪追溯、公共数据管理等方面研发应用落地，还进一步渗透到了游戏和物联网等场景。下面我们进行简单介绍：

1. 数字票据交易场景

数字票据是结合区块链技术和票据属性、法规、市场开发出来的一种全新的票据展现形式。不同于现有的电子票据体系的技术架构，数字票据的核心优势主要表现在：

（1）规范市场秩序，监管全覆盖。区块链数据前后相连构成的不可窜改的时间戳，大大降低了监管的调阅成本；完全透明的数据管理体系提供了可信任的追溯途径，能够在链条中针对监管规则通过编程建立共用约束代码，实现监管政策全覆盖和硬控制。

（2）节省成本，降低风险。系统的搭建和数据存储不需要中心服务器，节省了中心应用和接入系统的开发成本，降低了传统模式下系统的维护和优化成本，减少了系统中心化带来的风险。

（3）票据价值传递去中介化。在传统票据交易中，票据中介一般都是利用信息差进行撮合，借助区块链实现点对点的交易，之后票据中介会失去中介职能，重新进行身份定位。

（4）有效防范票据市场风险。区块链具有不可窜改的时间戳和全网公开的特性，交易过程中，不会出现赖账现象，能够有效避免纸票“一票多卖”、电票打款背书不同步等问题。

2. 支付清算场景

与传统支付体系相比，区块链支付是交易双方直接进行的，不涉及中间机构，即使部分网络瘫痪，也不会影响整个系统运行。基于区块链技术，如果能够构建一套通用的分布式银行间金融交易协议，为用户提供跨境、任意币种实时支付清算服务，那么跨境支付将会变得更加便捷和低廉。以跨境汇兑为例，目前该过程需要 10 分钟到两天不等；而使用基于区块链的结算技术，汇出人民币的同时在做市商处进行挂单，世界上某个参与体系的交易银行接单，双方握手就能完成兑换，支付确认的速度平均只要几秒钟的时间。

3. 银行征信应用场景

目前，商业银行信贷业务的开展，无论是针对企业还是个人，最基础的考量是借款主体所具备的金融信用。银行将各借款主体的还款情况上传到央行的征信中心，需要查询时，只要得到客户授权，就能从央行征信中心下载参考。在该领域，区块链的优势在于：依靠程序算法自动记录海量信息存储在区块链网络的每一台计算机上，信息透明，篡改难度高，使用成本低。商业银行以加密的形式存储并共享客户在本机构的信用状况，客户申请贷款时，不必再到央行申请查询征信，即去中心化，只要贷款机构调取区块链的相应信息数据，就能完成全部征信工作。

4. 权益证明场景

区块链中的每个参与维护节点都能获得一份完整的数据记录，利用区块链可靠和集体维护的特点，还能确认权益的所有者。对于存储永久性记录的需求，区块链是最理想的解决技术方案，适用于土地所有权、股权交易等场景。其中，股权证明是目前应用最多的领域。凭借私钥，股权所有者可以证明对该股权的所有权；股权转让时，通过区块链系统转让给下家，产权明晰、记录明确，整个过程不用第三方参与。

5. 物联网场景

物联网的核心缺陷是缺乏设备与设备之间的相互信任机制，一旦数据库崩塌，就会对整个物联网造成极大的破坏。而区块链分布式的网络结构却能提供一种机制，使设备之间保持共识，不用与中心进行验证，即使一个或多个节点被攻破，整体网络体系的数据依然可靠、安全。

（三）区块链未来的应用领域

未来，区块链将被应用于以下领域：

1. 汽车租赁和销售

租车、买车或卖车的交易，整个过程都呈碎片化趋势，但是区块链却能改变这一切。

2015 年，Visa（维萨）和交易管理创业企业 DocuSign（电子签名）合作，开展项目的概念验证，使用区块链将整个过程简化为“点击鼠标、签名、开车”三个过程。

借助 Visa–DocuSign 的工具，未来的客户就可以选择想租的汽车，然后整个交易就会记录在区块链的公共账本上。之后，司机在座位上就能签署一份租赁协议和保险，区块链会对这些信息进行更新。一旦区块链技术得到实际应用，那么其就可以用于汽车销售和注册。

2. 版权管理

对于网络作品而言，在中国版权保护中心进行版权登记，还需要耗费较高的资金成本和时间成本。区块链通过运用数据加密、时间戳、分布式共识和智能合约等手段，在节点无须信任的分布式系统中，能够实现基于去中心化的协作，提高效率，降低成本。

（1）确权。区块链可以作为有时间戳信息的分布式数据库来记录知识产权所有权情况，提供不可窜改的跟踪记录，而不用寻求第三方信托的帮助。

（2）用权。区块链不可窜改的特性，可以完整记录作品的所有变化过程，有利于实现版权交易的透明化；而通过智能合约，作品的用户便能向作品的版权所有人进行自动化支付。

（3）维权。区块链可以将侵权电子证据进行高可信度存证，降低取证成本和提高证据证明力，为司法取证提供技术保障和结论依据。

3. 金融行业

金融行业是最先被区块链改变的，现在如国内的央行、平安、腾讯、阿里等都在研究自己的区块链技术。因为区块链作为一种分布式数据存储技术，具有去中心化、集体维护、透明、不可窜改等特质，利用区块链技术重构管理和服务流程，可以从根本上解决信任问题。

目前，金融机构已经行动起来，相关应用陆续落地。从跨境支付、证券发行、互助保险、金融市场清算、贸易金融、众筹、网贷到金融反欺诈、金融专利保护等，基于区块链技术的金融发展风生水起。

4. 教育和学术行业

每个人的学历证明验证，都是通过学院和大学人工操作的。如果教育领域利用区块链解决方案，就能简化验证程序，由此减少学历欺诈现象。比如，Sony Global Education（索尼全球教育）已经和 IBM 合作开发出了一个全新的教育平台，使用区块链安全地共享学生记录；另一家成立超过 10 年的软件创业企业 Learning Machine，已经和 MIT Media Lab（麻省理工学院媒体实验室）合作推出了 Blockerts 工具包，为区块链上的学历证明提供基础设施保障。

5. 慈善公益

慈善事业属特殊行业，无法做到绝对的公开透明，容易出现一些善款流向不明、善款被私吞、善款开支不合理等问题。区块链的特性有助于慈善事业的健康发展，同时具有降低捐赠手续费、增加捐赠透明度、增强慈善事业的信任度三个特征。

同时，捐赠过程利用区块链技术支付，几乎不需要手续费；捐赠过程也可以按照既定的规则进行信息披露，且信息不会被更改；而且，还能增强国人对慈善事业的信任度，让人们主动投入到慈善事业中，更有利于慈善事业的发展。

6. 信托——遗嘱、遗产

遗嘱是非常具体的合约，为区块链智能合约提供了理想的应用场景。传统形式下，围绕遗嘱，除了验证逝者真实死亡存在困难之外，遗嘱相关的诉讼经常会涉及人们对遗嘱真实性的质疑。也就是说，法律对遗嘱的解释是否和逝者的本意一致。虽然应用区块链无法完全消除这些困难，但是也会使实际信息得到验证，提供可验证的交易数据也会更容易，而且还可以忽略没有价值的诉讼。

7. 物联网行业

“区块链 + 物联网 + 大数据 + 深度学习”等技术的融合，会极大地推动物联网的发展，现在比较火的 IOTA 就是物联网概念。区块链技术作为当前国内外的焦点技术之一，会对未来物联网的发展产生重要影响。

8. 能源管理

能源管理是另一个在历史上高度集中化的行业。在美国和英国，要进行能源交易，首先必须通过知名的电力公司，如 Duke Energy（杜克能源公司）或 National Grid（英国国家电网），抑或中间商交易从大型电力公司那里购买能源。和其他行业一样，分布式账本会减少（甚至消除）对中介的需要。

9. 保险行业

尽管区块链技术在保险行业的应用多数都处于技术验证阶段，但应用场景的快速发展已然预示着该技术将给保险行业带来变革性影响。在保险行业，区块链技术可以简化索赔过程，降低保险费用，帮助保险公司创建合适的覆盖范围，最重要的是，还能让投保者受益。

10. 体育管理

投资于运动员一般都是体育管理机构和企业的业务，但是区块链却能将投资体育健将们的过程去中心化，让每个支持者都能和体育明星在未来产生财务上的关联，从体育明星的收入中获得一定比例的补偿。

第六节　区块链——再造生产关系与重构的能量

（一）区块链再造生产关系

1862 年英国通过了《公司法》，确立了现代公司制度的 3 个最重要原则：独立法人地位、有限责任、股份（权）可转让。公司制度的发明，对人类发展产生了深远影响，成为世界各国公司法的蓝本，包括有限责任公司和股份有限公司。如果说，第一次工业革命将人类从农业文明带进了工业文明，那么公司制的出现，就改变了人与人之间的社会生产关系，将人类文明带入了一个全新阶段。

公司制度将志趣相投的人和资本集合在一起，成立一个法人实体，一致对外经营。按照公司章程等约定，股东履行出资义务，获得投资回报；多数股东会参与经营管理，是公司的核心力量。人与人之间不仅相互熟悉，还彼此信任，大大提高了决策效率，这也是公司的最大优势。

公司制的劣势在于，参与者越多，沟通成本越高，思想就越难统一；有限公司的股东只有几个，投资实力受限。这些因素严重影响了公司的健康发展，于是出现了股份制。所谓股份制，就是人们将资本集合在一起，按一定的规程约定，选举董事会，任命管理层，实行代理管理；公司是独立法人，遭遇经营风险时要以公司全部财产承担完全责任，不会影响股东个人和家庭财产。这套高效的管理体系制度，层级分明，是现代商业社会生产关系的主体。

股份制的局限在于，股份公司需要经理人代理治理。为了对代理人进行有效的监督，防范代理人腐败和不尽职，于是发明了一系列制度。可是，基于人性的缺陷，代理人一般都会维护自身利益，股份分散的公司管理层通常拥有极大的权力，甚至足以影响和对抗股东权利，因此损害股东利益的事件频频出现。

区块链崛起之后，所有人都以通证经济直接参与社区治理，无须通过代理人解决，不用支付高昂的监管成本和代理费用，工作效率极大地提高。在区块链的社区模式下，每个参与者都可以在完全透明的机制下参与社区治理，不需要信任某个人。比如，参与比特币、以太坊等项目的人来自世界各地，很多不曾谋面，以智能合约为前提的信任机制，让参与人数突破了过去的所有限制，每个人都能参与进来，只要凭贡献获得社区认可即可。这种形式比股份制更自由，任何人都能自由做主。

现有的股份制公司类似于集权管理体系，公司以封闭的模式运行，外人无法知晓公司运营。人才被埋没于封闭的组织内部，外界很难发现，或发现的成本极高。再加上管理体系层级分明，优秀人才根本没有用武之地，溜须拍马、投机钻营者以领导的喜好而做事，比只做实际工作的人才更容易胜出，人才的浪费不可避免。

然而，区块链是一个透明的、平面的新机制，任何人都可以凭借能力脱颖而出，任何人的贡献都能被他人发现。如果对旧的社区不满意，完全可以像 Vitalik Buterin（简称V神）一样，创建一个新社区，也可以像比特币现金一样，对旧社区进行分叉。区块链机制对人才的发现和激励作用，是空前强大的，远超“公司制”。

（二）区块链重构的能量

能对金融领域产生巨大影响的，除了物联网、支付交易清算、票据交易、权益证明和银行征信系统外，还有正在崛起的区块链技术。区块链不仅是一项技术，还带给我们一种全新的思考方式，甚至明确了一个重新看世界的角度。分布式的存储、传输协议和加密机制等，通过一种精致的方式组合起来，形成了区块链最重要的 3 个特点：去中心化、共识机制和智能合约。正是因为这 3 个特点，让区块链拥有了重构世界的能量。

对整个世界的重构，覆盖生活的方方面面，需要花费一定的时间，如同支付宝和微信改变我们使用现金的习惯一样，需要全社会的参与。区块链技术的诞生远比支付技术更具想象力，未来可能会产生：①区块链投票，能够让投票结果更加公正；②区块链慈善，可以让我们知道每一笔捐款的具体去向；③区块链医疗和评价，可追溯，不可篡改，让各种黑幕无处遁形；④区块链购物，能够杜绝假货；⑤区块链知识产权和知识付费，每个原创的利益都会受到保护；⑥区块链社交，现有各种骗术将无法被掩饰……当一个个行业被覆盖后，最终就会实现世界重构。

要想在世界重构之前获得先发优势，唯一的方法是“拥抱变化，不要抗拒”。提前进入，就能实现弯道超车，将竞争者甩在后面。

区块链，是一种高度可信的数据与计算技术，已经在跨境支付、结算、清算等金融领域先行应用，在医疗病历存储、数字版权、选举投票、资产登记、供应链管理、产品溯源、公证、征信等非金融领域也相继使用。我们有理由相信，未来人们必然会从更多的角度认识到区块链技术的巨大作用，使区块链在现实生活中得到普及。

第二章
链的结构

第一节　公有链、联盟链和私有链

根据开放程度，可以将区块链划分为公有链、联盟链和私有链。如今，这种划分已经得到多数人的认同，下面我们来具体介绍。

（一）公有链

所谓公有链，就是公共区块链，全世界任何人都可读取，任何人都能发送交易，交易能获得有效确认，任何人都能参与其共识过程。该链是完全去中心化的，因为任何个人或机构都无法控制或窜改其中数据的读、写。为了确保数据的安全性，公有链一般会通过代币机制鼓励参与者竞争记账。

在公有链中，程序开发者无权干涉用户，区块链完全可以对使用他们开发程序的用户进行保护，只要具有足够的技术能力，有一台能够联网的计算机即可。不过，虽然所有关联的参与者都会将自己的真实身份隐藏起来，但他们会通过彼此间的公共性来产生安全性，每个参与者都能看到所有的账户余额和交易活动。

公有链类似于手机或电脑的操作系统，比如安卓、iOS 等，微信、淘宝、支付宝等都是建立在这些操作系统上的应用。公有链是区块链世界的基础设施，离开了它，区块链也就不复存在。只有公有链扎实稳健高效地运转，区块链的商业应用才可能得到真正落地和发展。

1. 公有链的特点

概括起来，公有链主要具有如下几个特点：

（1）数据公开透明。虽然公有链上所有节点是匿名加入网络，但任何节点都可以查看其他节点的动态，通过行为的公共性来产生自己的安全性，每个参与者可以看到所有的账户余额和交易活动。

（2）数据无法窜改。公有链不受第三方机构控制，世界上所有人都可读取链上的数据记录、参与交易以及竞争新区块的记账权等，各参与者（节点）能自由加入或退出网络，并按照意愿进行相关操作。在众目睽睽之下，任何人都无法窜改数据。

（3）不受开发者的影响。在公有链中，程序的开发者无权干涉用户，公有链可以保护使用该程序的用户权益，所有数据的读、写都不会受到组织或个人的控制，这是公有链的最大优势。

（4）可以产生网络效应。公有链是开放的，会被很多外界用户应用并产生一定程度的网络效应。比如：

A 想出售给 B 一个域名，就会遇到一个亟待解决的风险：A 先卖出域名，B 可能没有付款；或者 B 已经付钱了，但 A 还没有卖出域名，但需要支付 3~6 个百分点的手续费。如果在区块链上建立一个域名系统，使用该区块链的通证，就能建立费用低于零的智能合约：A 向域名系统卖出域名，先支付费用的用户就能得到该域名，但是更快更高效的方法是把不同的行业和资产建立在同一个共有链数据库中。

2. 公有链的混合共识

除了项目性能和去中心化程度外，对于公有链来说，还应注意其他一些方面，例如，在实现过程中，公有链是否有明确的技术和工程规划，尤其在混合共识方面。

（1）公有链是否有主要支持者、货币基金以及重要的合作伙伴。重要的合作伙伴可能包括政府机构、媒体和应用技术等，彼此合作是评判公有链实际运营能力的一个重要标准。

（2）公有链一般都对未来预期商业落地有大规模的应用场景，市值相对比较大，对各方面的要求特别高，需要全职团队对开发者社区进行管理和建设。

（3）公有链做商业落地时，整个通证体系都以应用公有链经济并产生交易费用的经济模式为基础，因此，只要拥有最好的应用生态，就能最终胜出。

（4）优质的公有链项目通常都有一个团结、强悍、增长快速的社区，对于一个公有链项目，社区的进展、社区的团结程度都是非常重要的标准。

（5）是否有明确的技术白皮书或技术黄皮书，将技术细节和一些重要问题展示出来。

（6）是否有明确的工程路线图，能够提示出重要问题、解决方法、如何分阶解决。

（二）私有链

所谓私有链，指的是由某公司或私人控制，私有链的记账权并不公开，且只记录内部数据，拥有者掌握读取权限的限制与开放。

私有链上可以实行完全免费或非常廉价的交易，由一个实体机构控制和处理所有的交易，这样就不再需要为工作而收取费用。然而，即使交易的处理是由多个实体机构完成的，例如竞争性银行，可以在短时间内处理交易，费用仍然非常少；不需要节点之间的完全协议，需要为任何交易而工作的节点就非常少。另外，私有链还能更改规则，私有链的共同体或公司可以轻易修改该区块链的规则、还原交易、修改余额等。

1. 私有链的特点

私有链的主要特点，如表 2–1 所示。

表2–1　私有链的主要特点

特点	说明
交易速度快	一个私有链的交易速度可以比任何其他的区块链都快，甚至接近一个区块链的常规数据库的速度。这是因为，即使是少量的节点，都具有很高的信任度，不需要每一节点来验证一个交易
保障隐私	私有链使得在一个区块链上的数据隐私政策跟在另一个数据库中的数据隐私政策完全一致，不用处理访问权限，不用使用所有的老办法，但至少这个数据不会公开地被拥有网络连接的任何人获得
交易成本低	私有链上可以进行完全免费或廉价的交易，实体机构想要控制和处理所有的交易，不再需要为工作而收取费用。即使交易的处理由多个实体机构共同完成，费用也不多；此外，交易成本更低
节点能够很好地连接	节点之间能够很好地连接，即使出现故障，也能迅速通过人工干预来修复；同时，允许使用共识算法减少区块时间，更快地完成交易
保护隐私	私有链的读取权限是有限制的，可以通过加密手段为其提供更好的隐私保护

2. 私有链的应用

私有链的应用场景一般是企业内部的应用，如数据库管理、审计等；在政府行业也会有一些应用，比如，政府的预算和执行或政府的行业统计数据，通常由政府登记，公众有权利监督。私有链的价值主要是提供安全、可追溯、不可窜改、自动执行的运算平台，同时防范来自内部和外部对数据的安全攻击，这一点传统系统很难做到。

（三）联盟链

所谓联盟链，是指由特定组织或团体管理的区块链，需要预先指定一些节点为记账人，各区块的生成由所有记账人共同决定，其他节点可以交易，但没有记账权。

从本质上来说，联盟链依然是一种私有链，只不过比单个小组开发的私有链更大，规模没有公有链大，是一种介于私有链和公有链之间的区块链。

1. 联盟链的特点

联盟链主要有以下特点：

（1）可控性较强。公有链的节点是海量的，一旦形成了区块链，就无法窜改。比如，比特币的节点很多，想要窜改区块数据几乎不可能，而联盟链只要在大部分机构中达成共识，就能更改区块数据。

（2）部分去中心化。不同于公有链，联盟链在某种程度上只属于联盟内部成员所有，且很容易达成共识，这是因为联盟链的节点数量非常有限。

（3）交易速度快。联盟链本质上还是私有链，节点不多，很容易达成共识，交易速度也就快很多。

（4）数据不会默认公开。联盟链的数据，只有联盟里的机构和用户才有权限进行访问。

2. 联盟链的应用

联盟链不像公有链那样每个人都可以参与，它是少数节点之间的活动，能够退化成微观经济中的博弈问题，所以利用联盟链构建少数节点之间的协作系统不是一个技术问题。

在业务层面，银行业联盟链在系统性能、安全、数据隐私保护、治理、跨链互操作等方面的技术，依然面临复杂金融业务的挑战，特别是系统如何满足监管规定的问题。

当然，任何一种新技术的诞生，都会伴随着安全、监管等问题，不能因噎废食。就银行业而言，具有代表性的银行等金融机构，需要组建区块链联盟制定行业标准，与金融科技公司合作，积极推进核心技术应用，同时跟进落实监管措施。

第二节　区块链的分级、分层和分片设计

（一）区块链的分级设计

在比特币扩容争议中，小区块的支持者最常使用的一个逻辑就是，采用分层设计：将主链充当结算层，闪电网络充当支付层，也可表述为，大额交易走结算层，小额支付走闪电网络。但主链和闪电网络将这种行使相同功能、按功能的规模设计“分层”，并不是真正意义上的分层设计，而是分级设计。

机械设计人员会有这样的体验：设计过滤粉尘机器时，经常要使用到分级设计。先用粗孔滤芯，过滤大颗粒粉尘；然后用细孔滤芯，过滤小颗粒粉尘。处理同一类对象，但“物理大小”不一样，为了节省运营成本，设计就会体现出多级的特点；不对过滤器进行分级，直接按最小颗粒来设计滤芯，很快需要更换滤芯。其实，为了节省成本，分完级后，完全可以使用两级来分担过滤任务，使用更便宜的粗孔滤芯过滤掉大粉尘，减少细孔滤芯的压力。分级设计在日常生活中随处可见，比如，饮用水过滤器就是分级的。

选择比特币扩容方案的时候，使用闪电网络来分流主链压力，就是一种分级设计。因为这种方案，主链和闪电网络行使的功能完全一样，都是触发交易的支付行为。虽然可以将主链的交易行为称为“结算”，但无法改变行为的功能。

在比特币主链上交易的成本最高！对个人来说，需要支付矿工费；对

比特币系统来说，需要所有节点进行完整的验证交易，需要系统的CPU、带宽、硬盘。而在闪电网络上进行交易，成本则是较低的。对个人来说，闪电网络里的手续费更低，速度更快，比特币系统并不需要所有节点验证闪电网络内的交易，只要验证进出闪电网络的交易即可。

同样，使用offchain（去中心化）钱包完成钱包内的转账，也是分级设计。因为使用offchain钱包转账只要运用其公司自己的完整数据进行调整即可，与在比特币网络上进行交易需要的成本完全不同。

在分级设计中，第一级（主链）不用关心第二级是什么样子，但第二级需要关心第一级是什么样子，比如，闪电网络就需要监视主链，以免支付通道的人做广播欺诈。第二级出现问题，并不会伤害第一级主链。比如，offchain钱包被盗，跟主链一点关系都没有，但反过来就完全不同了。

（二）区块链的分层设计

区块链的分层设计就是网络协议分层，即我们熟知的七层网络结构，如物理层、链路层、网络层等。分层的基本设计原则是：各层独立，做好自己的事即可。

层和层之间的功能是不一样的，层和层之间的交流都是通过接口通信，只要接口保持不变，层内部的设计就能任意改变，且不会影响其他层。目前，各种区块链的设计，虽然都宣称自己是分层设计的，但都不符合上述原理。

比特币比较接近分层设计的思想是侧链的设计原理，侧链可以完整独立地设计与主链完全不同的功能，比如：

RSK的目标是实现智能合约，而比特币主链实现的核心功能是UTXO的转账和账本的更新维护。侧链和主链仅仅通过特定的交易来充当接口，而侧链则需要关心主链在干什么，主链是不需要关心侧链在干什么的。也就是说，侧链和主链并不是相互独立的。

比特币（包括 BTC 和 BCH）尤其是 BCH 的 OP Return（相当于“备注功能”）能很好地扩展为分层设计。对 OP Return 里的数据，比特币主链只关心其是否真实，根本不关心具体的数据，由此 OP Return 就可以在里面设计出一整套新功能，只要里面的代码在 BCH 主链的交易真实可信即可，而主链和 OP Return 设计出来的新层是不需要相互关心的。

其实，比特币的元币协议就是一个很好的分层设计，只是一直没有被广泛使用罢了。以太坊并不是分层设计，所有功能都在同一层上，所有 Dapp（一种去中心化应用程序）都在同一套账本层里做事，没有进行分层处理。

（三）区块链的分片设计

目前，无论是在比特币还是以太坊上，分片设计都没有做完。这里，先简单介绍一下基本原理。

比特币网络处理交易往往是这样的：一个节点收到一波交易，比如 1 万笔，节点先将交易序列化，即给这些交易编号排队，然后一笔一笔地去验证。遇到某笔验证无法通过，比如需要前置零确认的交易，就先缓存起来；碰到非法交易，则直接丢弃。

比特币对这类交易的处理是串行进行的，即一个时间点只能处理一笔交易。即使电脑功能很强，处理能力也有限，比如将 1 万笔交易分成两波，5000 笔一波，分别发给一台电脑去验证。目前，比特币并不支持这种并行验证，因为会涉及分片设计。

比特币的 UTXO（Unspent Transaction Outputs 的缩写，即未使用的交易输出）的物理实体就是如此。一笔 UTXO 在电脑里存储的数据主要包括 4 个部分：

（1）生成这笔UTXO交易的TXID（Transaction ID的简称，即交易哈希）。

（2）生成这笔UTXO交易的输出序列号index。多数交易都是一个或多个输入和输出，第一个输入序列号是“0”，第二个输入序列号是“1”。

（3）锁定脚本lockscript。

（4）金额value（价值）。其中，TXID是16进制表达，即使用0~F来表达。如果将首字符进行分类，0归一类，1归一类……F归一类，就可以分为16类；使用首两个字符来分类，00归一类，01归一类……FF归一类，就可以分为256类……如果使用4个字符呢？答案可想而知。

上述的一类可以称为一个片，就是分片。分片后，将一类分给一台电脑去处理，另一类分给另一台去处理，如此，256片就可以分给256台电脑来处理。而UTXO的TXID就是交易的TXID，打包交易的区块也可以使用这种分类进行打包，比如，分成256片，则在一区块里可以设成256个分区，一个分区打包一个片。也就是说，UTXO、交易和区块都可以按同样的规则分片。如此，就实现了比特币网络的并行扩展。

但上面讲的只是基本原理，设计过程非常复杂。比如，一个UTXO需要进行两次，要实现不同的TXID，然后将其发到不同的分片上。如果分片之间没有通信机制，就可能成功；但如果分片之间还要为这种攻击进行大量通信，那么不如不分。一旦实现了分片，比特币网络可以无限扩展。一台电脑处理不了，就需要使用多台电脑来处理；如果一个人买不起多台电脑，就需要多人每人买一台。

第三章
数字资产和比特币

第一节　数字资产

2020年12月11日，江苏省互联网金融协会与苏宁金融研究院在南京联合举办了“2020江苏金融科技与普惠金融发展研讨会暨苏宁金融研究院五周年论坛”。江苏省苏宁银行首席科学家郭毅可教授做了《铸就人工智能重器　赋能金融产业升级》的视频演讲，内容节选如下（有删减）：

我们生活的时代是一个大数据时代。大数据是时代的自然资源，在人类发展史上，从来没有像现在这样能够用非常简便的方法、在非常短的时间内获得大量数据，通过不同传感器，运用各种数据采集工具，在互联网上采集大量数据，成为新的自然资源。

大数据时代，我们打造了一个基本的技术生态，不仅有云计算，还有无线网和5G，每个人都能随时随地访问到数据服务。

在这个时代，我们把数据变成了资源，之后又将数据变成了资产。今天，已经过渡到资本化时代，把数据作为一种产品和可交换的资产，成为社会发展的一种动力。

今天的数据资产具有个性化，每个人都是数据的生产者，正是因为这样，才有了数据市场的概念，才有了像GDPR这样对个人资产进行保护的协议。这是一个非常重要的未来前景！在数据构成环节，每个人都是数据生产者，也是数据资产的拥有者，怎么界定它，如何保护它，是我们经济生活的重要内容。

从数据资产到数据资本，共有两大“瓶颈”：

第一，要确定数据资产的交易性和数据使用的特征，保证形成的数据资产产品是可以用来交换的，这里涉及一个非常重要的数据特点，即使用的非排他性，数据可以随意复制。运用区块链技术，就能解决这个问题。在区块链构成数据的过程中，每块数据资产都不可复制。这是形成交易性的一个重要条件。

第二，对于个人数据接近无限的量级，我们无法用脑力来处理数据，需要用人工智能，把数据形成数据产品。

从这个意义上来讲，数据经济和社会具有整体性，这个整体性就是：从数据资源到数据资产，运用了区块链，实现了从数据资产到数据生产力的递进，人工智能就是这样的生产工具。二者组合起来，就是一个数据社会。基于社会基础，对其经济学的研究就是数字经济学。

……

回顾数据经济生态系统的演变，可以看到：过去数据是零散的，人们对它的管理都是不规则的，2010 年云计算出现后，就开始有“数据管理者”的概念。我们可以托管数据，就像银行管理我们的金钱，由一个数据中心或云计算中心管理我们的数据。有了管理数据后，数据的拥有者与管理者之间就形成了一种重要关系，即资产管理。数据管理者必须做到其管理的数据在使用时能够保证数据拥有者的私密性、数据的拥有权、数据的控制权。

同时，今天所谓的大数据，即数据科学，就是通过数据来认识世界的科学。

那么，究竟什么是数字资产呢？

所谓数字资产，就是指企业或个人拥有或控制的、以电子数据形式存在的、在日常活动中持有以备出售或处于生产过程中的非货币性资产。数字资产的产生得益于办公自动化，数字资产依托电子支付系统而发展，其前景可预见。

网络时代的网络会计、办公自动化、电子支付系统平台等，使现行的生产方式具有了传统生产方式无法比拟的优越性，可是在现实生活中，它们只是依托磁性介质存在的一连串“0”和“1”的代码。虽然是数字化商品，却体现了资产的性质，故被称为数字资产。

（一）数字资产的特点

数字资产具有以下特点：

（1）成本递减。有形资产的生产成本与生产数量成正比关系递增。数字资产的成本主要是在前期的研究开发阶段以及在销售过程中发生的销售费用和其他经营费用，由于数字产品产量的无限性，其开发成本会按传统财务会计的方法被分摊到产量上，数字产品的成本会随着销售量的不断扩大而越来越低。

（2）互动性强。即使是最简单的应用软件也有一定的交互功能，比如，对操作人员的错误提示，就是IT行业产品最基本的优越性体现。

（3）数量上无限。作为资产，数字资产是稀缺的，但它的供应却是无限的；而有形资产的企业财产和存储空间却是有限的。

（4）依附性强。应用软件要想发挥作用，就要得到计算机硬件及系统软件的支持，不能独立存在并发挥作用。

（5）价格昂贵。用途特殊的应用软件是专门为某种特定工作而研制的，成本比较高，价格昂贵。

（二）数字资产的分类

从“价值投资”的角度来说，市场上的数字资产可以分为3类，如表3–1所示。

表3-1 数字资产的分类

分类	代表	说明
原生数字资产	以Utility Token为主，代表币种是BTC、ETH	它们是区块链发展的创始者，原生于区块链生态中。它们的诞生，是为了解决链上生态的问题，而不是为了解决链下应用场景的问题。该资产的诞生和发展推动了区块链生态本身的发展，不仅在链上生态中创造出了使用场景，还从链上生态逐渐影响链下应用场景，引起了场外用户和投资者的关注，代币开始承载越来越大的价值
通证经济类数字资产	代表币种为BAT	BAT是Brave浏览器项目团队发行的一种代币，可以屏蔽互联网世界无处不在、无孔不入的广告。在Brave浏览器中，如果要插播广告，广告商必须向观看广告的用户支付BAT代币，不能强行植入。该项目可以用代币解决某一现有行业存在的问题，比如，激励不足、利益关系不清晰等；以区块链技术为工具，就能重构某一行业的业态，改变生产者、消费者之间的关系，改变原有业态中的价值分配体系
证券类数字资产	以平台通证为代表，典型的是BNB、HT和OKB	交易所的平台通证和平台利益紧密联系在一起，平台的创新性、商业运营能力都会影响平台通证的价值。作为区块链产业中最具商业价值的业务形态，交易所的平台通证依托于自身强大的商业价值，资产价值潜力无法得到释放

（三）影响数字资产未来收益的因素

影响数字资产未来收益的因素主要有以下 3 个。

（1）人的因素。数字资产是一种人的智力成果，要想保证企业数字资产市场竞争力，离不开技术全面、有创新意识和开拓能力的人；从消费者角度来说，他们对商品收益的预期、应用范围的估计以及风险偏好都会对数字资产的销售及收益造成影响。

（2）企业的市场占有率。如果企业在所属行业中占有一定的市场份额，就具有较好的市场信誉、稳定的消费群体，推出的数字资产就更容易被消费者接受，从而获得收益。

（3）宏观经济环境。如果整个社会环境稳定、经济景气、信息产业化程度高、企业发展空间大、销售渠道广，数字资产的开发和销售也就有了良好的环境保证。

第二节　比特币的诞生和发展

经过数十年的发展，比特币吸引了无数的信仰者，最直观的表现就是它的价格：最初 10000 个比特币，能够换两张比萨饼；而到了 2017 年价格最高峰时，几乎是 2 万美元一枚。那么，比特币究竟是怎么诞生和发展的呢？

（一）第一次比特币交易的实现

比特币诞生于 2009 年 1 月 3 日，但其第一笔交易却发生在一年后。

2010 年 5 月 18 日，佛罗里达一个名叫 Laszlo Hanyecz 的程序员在比特币论坛 Bitcoin Talk 上发帖声称："我可以付一万个比特币来购买几个比萨，大概两个大的足够，我可以吃一个，留一个明天吃。你可以自己做比萨，也可以到外面订外卖，送到我这里。"之后，程序员还对自己的口味偏好做了提示："我喜欢洋葱、辣椒、香肠、蘑菇、西红柿、意大利辣香肠等食材，只加一些平常食材就行，不要其他鱼类或乱七八糟的东西。最好再来点芝士，虽然这样不便宜。"2010 年 5 月 22 日，一位英国用户花 25 美元为 Laszlo Hanyecz 买到两块比萨，并成功获得一万个比特币。

在这件事发生之前，比特币只是被一些极客小范围挖矿获得，并不具备任何传统意义上的价值，这个故事首次打开了加密货币完成支付的历史性大门，这一天被大家定为"比特币比萨日"。

（二）首个比特币交易平台的创立

比特币是一种货币，需要一个流通通道来完成支付，即比特币交易平台，可以供人们兑换比特币。

2010 年 2 月 6 日，比特币论坛 Bitcoin Talk 的用户 dwdollar 创建了 Bitcoin Market（比特币市场），自此，世界上第一个比特币交易所诞生。结果，同年 6 月，Bitcoin Market 交易所遭遇了灭顶的 Paypal 欺诈，只能去掉 Paypal 支付选项。之后，该平台的交易量迅速缩水，很快就被其他新成立的交易所超越，最后被迫倒闭。

这时日本交易所 MT.Gox 成功崛起，其比特币交易量一度占据全球 80% 之多。四年后，"门头沟事件"爆发，黑客盗走了该交易所 10 万个比特币以及用户的近 75 万个比特币，MT.Gox 交易所无力经营下去，不得不在 2014 年 2 月宣布破产。

这次事件使整个比特币行业陷入了前所未有的恐慌之中，人们对比特币和交易所的信任濒临冰点。

（三）首个比特币基金会创立

为了使比特币更快地被更多人知道和了解，比特币基金会于 2012 年 9 月 27 日成立。

比特币基金会是一家美国非营利性组织，可以帮助人们更自由地交换资源和思想，让更多人认识到比特币是货币的一种形式，并促进其发展。当然，比特币基金会也是去中心化的，其成员分布在西班牙、澳大利亚，以及美国的华盛顿、西雅图等国家和地区。

（四）比特币的发展趋势

和黄金一样，比特币的发行上限是无法突破的，总量上限为 2100 万。黄金不是任何国家发行的，是自然界"发行"的，其储量不受任何国家的信用限制。所以，黄金也就变成了货币。

从逻辑上来说，比特币的设置与黄金一样。比特币到底值多少钱？这里有一组数据：

2009 年，1 美元能买 1309.03 个比特币。

2010 年 5 月 22 日，一个程序员拿 10000 个比特币换了两个比萨。比特币已经能像货币一样开始流通，人们开始认可比特币。

2013 年 11 月，比特币的价格突破 267 美元。

2016 年 5 月 29 日，比特币的价格突破 600 美元。

2017 年 5 月 1 日，比特币的价格突破 1459.7 美元，约 10062 元。

2017 年 5 月 18 日，比特币的价格超过 11000 元。

2017 年 8 月，比特币的价格超过 30000 元。

2017 年 12 月，比特币的价格接近 120000 元。

如今，1 枚比特币大约达到 58000 美元。越来越多的人认为比特币是货币，不是证券，这就是比特币的价值。

由此可见，区块链的出现得益于比特币的发明。而中本聪的本意是通过比特币完成对世界全新货币系统的伟大实验。之所以会出现区块链技术，主要是为了发明比特币。从这个关系来看，比特币是区块链之母。

仔细梳理比特币的发展要点，即可对未来的趋势进行展望。

（1）虽然各国对数字货币的态度不同，但任何国家都不会忽视数字货币带来的破坏力和不确定性。

（2）区块链的意义大于比特币本身，比特币只在早期推动了区块链的发展，未来区块链的发展空间会更大。

（3）曾经因为波动性和不稳定性而轻视数字货币的公司，多数都承认了区块链的优势并投入研究。

（4）人们对区块链技术的安全性要求越来越高，仅在 2017 年黑客就在各交易环节窃取了上千万美元。

第三节 比特币是区块链技术的最原始应用

比特币是区块链技术的第一个成功应用，传统金融体系的交易记录都被保存在银行中心的数据库中，而区块链则是比特币账本，比特币的所有权和交易过程都被记录在区块链账本中，只要下载客户端，就能接收相关信息。

比特币的地址、私钥类似于个人账户与支付密码。个人拥有的比特币被锁定在个人地址上，要想实现交易，就要运用私钥，解锁并发送到其他地址。

在交易过程中，系统会向全网发送一份账单，由其他用户进行校验，一旦通过验证，交易行为就成功了。第一个校验出这笔交易是否有效的用户，会得到一笔比特币的奖励，该奖励分为两部分：一部分是交易的手续费，由转账者支付，是系统中已经存在的比特币；另一部分是系统新生成的比特币奖励。计算机的算力越大，越有可能得到比特币奖励。所谓的“矿工”，就是专门进行交易信息验证并更新记录的人。

总体而言，比特币有以下几个特性：

1. 比特币的生产和维持耗用了大量能源

“采矿”使得每生产一个新比特币，都要通过高性能计算机执行加密过程来解决复杂的数学难题。“挖矿”得到的货币数量和计算机的运算能力大小成正比。从概率上看，采用性能越高的硬件，算力的占比就越高，也就更易获取比特币。为了获得更高的收益，“矿工”们在算力上时刻进行着较量，算力的高度集中以及分布式去中心化账户的维护，需要消耗大量的能源。

2. 总量有限，发行不会失控

比特币发行的唯一来源是记账成功后系统的基础奖励，该奖励最开始只有 50 个比特币，每创建 21 万个区块，奖励就会减半，到目前为止，已经减半了两次，成功记账只能得到 12.5 个比特币。到 2140 年，比特币总量很可能达到 2100 万个的上限。

3. 比特币的价格容易大幅波动

比特币只是一堆数据，不与现实法币和实物连起来，就无法确保其价格的稳定性。虽然法币不可能在短时间内贬值，但离开了法律的约束，实物所有者都能随心所欲地与比特币融合或脱离，比特币自然就容易受非理性情绪影响，致使价格产生大幅波动。

4. 账户身份不会被他人知晓

运用区块链，人们就能任意地通过比特币进行转账交易，既不用核验各种身份信息，更不用与任何银行卡绑定。良好的匿名性，让账户拥有者的身份不会被他人知晓。

第四节　比特币的核心与基础架构——去中心化账本

比特币的底层技术是区块链，而区块链就是一种去中心化的分布式账本技术。所谓去中心化，就是“没有中心”，或者说人人都是中心，人人皆可记账。

举个例子：

孩子们都喜欢过年，因为过年就能收到压岁钱；为了保存好这笔钱，很多孩子都会直接交给妈妈。可是，当妈妈想买件风衣时，账本上的记录就会少了几百元。如今，人们都学会了记账，总账一目了然。当孩子和爸爸发现了妈妈的行为时，只要表示抗议和反对，妈妈多半就不会偷偷花孩子的钱了。

区块链就是这样一个分布式账本，只有控制超过半数的节点，才有可能改变账本。在上面的例子中，妈妈为孩子保管压岁钱，买风衣时挪用了这笔钱，她完全可以声称自己把钱弄丢了，以此逃避监管。原因在于，只有妈妈有记账权，妈妈只要在账本上注明该笔钱丢失，孩子和爸爸就只能信任。这就是中心化的记账方式。

而去中心化的记账技术，每个人都能记账，都有账本的记账权，发生任何一笔交易，都需要其他节点同意并认可，才能将这笔交易写入账本，并同步更新到其他所有节点。也就是说，在去中心化的记账技术中，妈妈如果想挪用一笔钱购买风衣，必须写入账本，并需要得到孩子和爸爸的认可。如此，就能杜绝妈妈的挪用行为。

区块链技术打破了中心化的控制，去掉了中心这个大中介，让所有节点都变成了其他人的中介，任意两个个体都能直接产生交易。

在数字时代，负责记账的是计算机。这里我们把记账系统中接入的每一台计算机称为“节点”。去中心化就是没有中心，也就是说，参与到该系统中的每一节点都是中心。

从设计账本系统的角度来说，需要每一节点都保存一份完整的账本。

可是由于一致性的要求，每一节点却不能同时记账。因为节点所处的环境不同，接收到的信息自然不同，如果同时记账，必然会导致账本的不一致，造成混乱。

既然节点不能同时记账，那就不得不选择拥有记账权利的节点。但是如果指定某些特殊节点拥有记账权利，则势必又会与去中心化的初衷相违背。这似乎成了不可解决的问题。

第五节　区块链技术和数字货币能否分开

区块链技术和数字货币能够分开吗？这是一个长期存在争议的问题。要想回答这个问题，就要阅读一下中本聪讲解比特币的论文《比特币：一种点对点的电子现金系统》和他所处的技术发明圈层。中本聪发明的比特币不是第一个也肯定不是最后一个尝试在数字空间中创造代表价值的事物。

在技术圈还有一种方法一直未能成功尝试，就是采用现金的思路，创造一种东西，让人们在数字世界中像使用现金一样使用它。前人已经进行过深入的探索，但都没有取得成功，直到中本聪发明了比特币这种“现金”——比特硬币（coin）。值得一提的是，大卫·乔姆在30多年前第一次提出了一个完整的、可行的思路，而1983年，他首次提出运用加密技术创造一种数字空间的现金。为了实现自己的构想，他甚至在1989年创建了一家公司。比特币可以看成是对乔姆最初设想的精彩改进，并不等同于现实世界的现金的流通货币，但它在技术上实现了与现金逻辑的相似之处。

中本聪对区块链相关技术和机制进行了几个重要改变，真正发明了区块链，并让它成为一系列创新的基础。

在互联网发展史上，这样的“发明玩具”有很多，比如：

蒂姆·博纳斯·李创建万维网、林纳斯创建操作系统 Linux、马克·安德森开发出 Mosaic 浏览器，甚至拉里·佩奇和谢尔盖·布林最早开发 Google 都是如此。由此可见，不管当下人们怎么看待比特币，不管把它看成通证、商品还是资产，出现时的重要属性之一就是一种技术玩具。其实，在比特币价格暴涨前的相当长时间里，它就是一个玩具，技术人员都喜欢鼓捣和修改玩具。一种技术被研制出来后，最终具有什么样的实际用途，能给世界造成多大的影响，则是另外一回事。

中本聪在解决难题的过程中创造了一个基础技术，即区块链（账本）；创造了一个应用，即比特币（现金）。更细分一点，中本聪发明的事物共包括三层：最底层是技术性的区块链（账本）；中间是基于区块链的比特币协议；最上面是应用即比特币这种现金。账本既有技术含义，也有经济含义，关于账本的经济含义，这里不再赘述。

不同领域的人进一步“鼓捣”这个玩具，逐渐将其变得实用。首先创造出各种与比特币相似的币，之后很多人试图把币和链分开，接着以以太坊为代表的团队试图创建区块链 2.0 系统，把它变成下一代智能合约和去中心化应用平台，现在更多的组织在试图开发新一代系统，宣称是 3.0 或 4.0。有意思的是，以太坊没有成为新一代可以运行应用的操作系统。如此世界上一下子多出了很多应用通证，这就是 2017 年到现在的虚拟币乱象。

如今，比特币和区块链技术作为一个整体发展到了新的阶段，除了发币这一种功能，还具有发行代币或通证的功能。通证的出现，打开了区块链在经济上的可能性和应用前景，区块链的两翼———技术和经济开始逐步成型。虽然最后两者会发展到何种状态我们还无法预测，但代表经济的“币”和代表技术的“链”以及经济和技术是交织在一起的，难以分开。

区块链和数字货币的关系其实很简单，用一句话来概括就是：数字货币是在区块链技术的基础上建立的。

1. 区块链是数字货币的最底层，也是最重要的技术手段

区块链技术可以应用于很多方面，而数字货币是区块链技术最成功的应用。但除了区块链技术外，数字货币的使用技术还包括移动支付、可信可控云计算、密码算法等；而比特币的火爆，让人们看到了区块链的技术框架及广阔的应用前景。

2. 区块链是一种新兴的数字记账簿，功能强大

区块链是一种新兴的数字记账簿，功能强大，能够记录一定时段的所有交易，并在全部节点上进行完整拷贝，即一个“区块”。信息不可窜改，因为无法入侵所有节点；多个区块首尾相连构成了区块链。

3. 可编程是数字货币的最大特点

数字货币本身是一段计算机程序，可以编程，是智能化的货币，只要确认了结算，清算交易也就在同一时间完成了。

第四章
智能合约和以太坊

第一节　智能化合约

（一）智能合约的历史

在阐述什么是智能合约之前，我们先回顾一下它的创建背景。

1994 年，计算机科学家和密码学家 Nick Szabo 首次提出“智能合约”概念，早于区块链概念的诞生。Szabo 描述了什么是“以数字形式指定的一系列承诺，包括各方履行这些承诺的协议”，但因为缺乏可以让它发挥作用的区块链，智能合约的想法一直没取得进展。

2008 年，第一个加密货币比特币出现，同时引入了现代区块链技术。可是，这时候的智能合约依然无法融入比特币区块链网络。五年后，以太坊才让它浮出水面，之后便涌现出不同形式的智能合约，以太坊智能合约使用范围最广泛。

2013 年，作为以太坊智能合约系统的一部分，智能合约首次出现。

（二）什么是智能合约

所谓智能合约，就是传统合约的数字化版本，这是在区块链数据库上运行的计算机程序，可以复制和共享，以及处理信息的接收、储存和发送，在满足其源代码中的条件时可以自行执行。智能合约一旦编写好，就会受到用户的信赖，但合约条款不能更改。

“智能合约”这个名词，在 20 世纪 90 年代由尼克萨博提出，几乎与互联网同龄。只不过由于缺少可信的执行环境和技术手段，智能合约并没有被应用到实际产业中。随着互联网的逐渐发展，各种新技术纷纷出现，尤其是比特币出现后，人们意识到：区块链能为智能合约提供可信的执行环境，区块链技术是智能合约的应用前提。

智能合约程序是一个可以自动执行的计算机程序，能对接收到的信息进行回应，可以接收和储存价值，也可以向外发送信息和价值。该程序就如同一个被信任的人，可以临时保管资产，总能按照事先的规则执行操作。

假设一个智能合约模型：一段代码（智能合约），被分布在分享的、复制的账本上，可以维持自己的状态，控制自己的资产，对接收到的外界信息或资产进行回应。

如果区块链是一个数据库，智能合约就是能使区块链技术应用到现实当中的应用层。智能合约是在区块链数据库上运行的计算机程序，可以在满足其源代码中的条件时自行执行。

（三）智能合约的技术特性

区块链智能合约有三个技术特性，如表4–1所示。

表4–1　智能合约的技术特性

技术特性	说明
永久运行	支撑区块链网络的节点达数百甚至上千个，部分节点的失效并不会导致智能合约的停止，从理论上来说，其可靠性接近于永久运行，智能合约就像纸质合同一样每时每刻都有效
不可篡改	区块链本身的所有数据不可篡改，部署在区块链上的智能合约代码以及运行产生的数据输出也不可篡改，运行智能合约的节点不必担心其他节点恶意修改代码与数据
数据透明	区块链上所有的数据都是公开透明的，智能合约的数据处理也是公开透明的，运行时任何一方都可以查看其代码和数据

（四）智能合约如何运作

区块链网络使用的智能合约类似于自动售货机。智能合约与自动售货机类比：如果你向自动售货机（类比分类账本）转入比特币或其他加密货币，只要输入满足智能合约代码要求，它会自动执行双方约定的义务。

义务以“if then”形式写入代码，例如，“如果 A 完成任务 1，来自 B 的付款就会转给 A。”通过这种协议，智能合约允许各种资产交易，每个合约都会被复制和存储在分布式账本中，信息无法篡改或破坏，参与者之间匿名。

虽然智能合约只能与数字生态系统一起使用，不过，很多应用程序正在探索数字货币之外的世界，都在为了将“真实”世界和“数字”世界联结起来而努力。

智能合约根据逻辑来编写和运作，满足一定的输入要求，只要代码编写的要求被满足，合约中的义务就能在安全和信任的网络中得到执行。

第二节　智能合约有什么用

在区块链社会里，大家共同维护一个区块链账本，所有的交易数据都无法窜改、不可伪造，大幅地减少了人工对账的出错概率和人力成本。随着智能合约的普及，我们也会变得更加佛系，发生了纠纷，不用自己出马，代码可以帮你搞定。

比如，乘飞机买延误险，理赔就变得简单多了。投保乘客信息、航班延误险和航班实时动态等都会以智能合约的形式存储在区块链上。一旦航班延误符合赔付标准，赔偿款就会自动划到投保乘客账户，处理起来异常高效。

再如，你借给亲戚一大笔钱，虽然打了借条，但催款的时候，对方却坚持不要脸的精神，你又不想撕破脸或没有把对方告上法庭的勇气，根本拿不回属于自己的钱。智能合约就能解决这个问题。只要双方把借款金额、还款时间、双方绑定银行卡信息等打包进合约，到了约定还款日，借款就会自动划到你的账户里。

如今，智能手机、智能电器、智能家居……已经渗透到我们生活的方方面面，区块链的智能合约到底是什么？它是如何做到合约双方或多方无须信任，就自动执行的？之所以称之为智能，是因为合约的条款可以写成代码的形式，存放到区块链中，一旦合约的条款触发某个条件，代码就会自动执行，即便有人想违约也很难。运用智能合约，就能解决传统方式中费时、资源消耗、代价高等问题，真正实现快、狠、准！

概括起来，智能合约具有以下作用：

1. 人们不用再“证明我是我”

在办事过程中，很多人都遇到过这类令人啼笑皆非的证明：证明你妈是你妈、证明你没犯过罪、证明你是你、证明你没结过婚……这样或那样的证明，听起来莫名其妙，只能让人东奔西跑、摸不着头脑。

有了区块链，个人的身份证就是一个条形码或二维码，信息会被智能化地记录和储存在整个链上，信息证明真实无误且不可窜改。在证明问题上，可以这样写身份证明合约：输入密钥、指纹解锁或刷脸，调用个人信息；身份核对成功时，就能触发合约条款。笔者相信，只要这项技术被普及，就能轻松证明“我妈是我妈”“我是我自己”了。

2. 轻松搞定理赔流程

2019 年夏天，小明参加了公司组织的夏日漂流团建活动。出发前，公司为每名员工都买了意外保险。漂流当天，小明的漂流艇不慎触到石头，左侧膝盖因撞击而受伤。领队说，按照小明的情况，可以向保险公司申请意外险理赔。

于是，小明到医院就诊，并打电话处理理赔事宜。保险公司告诉小明：小明需要提供具体受伤的时间、地点、事故证明、医院诊断、用药清单、是否有过往病史等几十项问题及相关证明材料；通过审核、受理等一系列程序，到真正收到赔付，最快 7~15 个工作日，慢则 30 个工作日，甚至更长。

得知此情况，小明想想还是算了吧，如此费心费力，办理过程中可能还会发生不愉快，多一事不如少一事。

其实，在保险理赔中运用智能合约，可以省去大量的人工审核时间，触发合约中的保险条款，就能执行理赔程序，投保人可以在短时间内收到赔付。

简单来说，智能合约可以概括为：一段代码，被部署在分享、复制的账本上，可以维持自己的状态，控制自己的资产，并对接收到的外界信息自动进行回应。智能合约不仅由代码定义，也由代码执行，完全自动化，任何第三方都无法干预。

第三节　以太坊的定义和运行

以太坊是开放的区块链平台，任何人都可以构建和使用以区块链技术运行，是一个典型的去中心化的应用程序。像比特币一样，没有人可以控制或拥有以太坊——它是来自世界各地的很多人共同创建的开源项目。但是与比特币协议不同，以太坊的设计具有适应性和灵活性。在以太坊平台上很容易创建新的应用程序，且随着 Homestead 的上线，任何人都可以安全地使用这些程序。

（一）以太坊的概念

以太坊是可编程的区块链，用户创造自己想要的任何操作，不会给他们一系列提前定义好的操作（如比特币交易）。如此以太坊就能担任不同类型的区块链应用平台，不仅限于加密货币。

从狭义上说，以太坊是一组网络协议，它定义了服务于去中心化应用的平台。在其心脏部位是以太坊虚拟机（“EVM”），可以移植性具有任意算法复杂度的代码。在计算机科学层面，以太坊是“图灵完备”的。开发者用基于 JavaScript 和 Python 等友好型编程语言，创建一套可以在以太坊虚拟机上运行的应用程序。

以太坊的数据库是由许多连接在网络的节点维持和更新，具有点对点的网络协议，每个网络上的节点都运行 EVM 并执行相同的指令，因此以太坊又被称为“区块链世界电脑”。可是涵盖整个以太坊网络的行式计算，并没有使计算更加有效率，反而使以太坊上的计算速度更缓慢且比传统计算机更昂贵。

去中心化的一致性给予了以太坊极高的容错水平，保证了零停机，使得存储在区块链上的数据保持不变且抗审查。

以太坊平台是去特征化的，价值是不可知的。与程序设计语言一样，其用途取决于企业家和开发者的决策。显然某些特定应用程序类型相较其他更受益于以太坊的功能。具体来讲，以太坊适合点对点自动直接交互的应用程序，以及促进协调整个网络组群操作的应用程序。用以太坊上的代码可以自动地完成复杂的金融交互或财富交换。除了金融应用以外，在信誉、安全和持久性等要求很高的应用场景下，如资产注册、投票、行政和物联网，以太坊平台都发挥着重大影响。

（二）以太坊的运行

以太坊包含了很多特性和技术，有些是比特币用户所熟知的，同时又引入了很多改善和原创的东西。比特币区块链仅是一系列纯粹的交易，而以太坊的基本单元是账户。以太坊区块链跟踪每一个账户的状态，而所有的账户状态变化都是账户之间的价值交换和信息。

这里，一共存在两种类型的账户：一个是由私有密钥控制的外部拥有账户；一个是由合同代码控制且只能由一个外部拥有账户激活的合同账户。对于用户来说，两种账户最基本的区别是：用户能控制用于掌控 EOA 的私有密钥；同时，合同账户由其内部代码管理。如果它们是由人类用户所控制的，那是因为它们被编程为由具有特定地址的 EOA 控制，而 EOA 又是由控制 EOA 的私钥控制的。

简言之，智能合约就是合同账户的内部代码，一旦交易被发送到该账户所执行的程序，用户就能在区块链上编写代码来创建新的合同。只有 EOA 发出指令时，合同账户才会运行操作。因此，合同账户无法执行本机操作，如随机数生成或 api 调用，只有在 EOA 提示下才能执行和操作这些。因为以太网要求节点能够在计算结果上达成一致，需要严格的确定性执行。

像比特币一样，用户需要向网络支付交易费用，如此使以太网区块链避免了像分布式拒绝服务攻击、无限循环等烦琐和恶意的计算任务。发出交易指令的人，需要为该程序包括计算和存储的每一步支付费用，这些费用由以太坊的价值通证或其他手段支付，交易费用由认证（以太坊）网络的节点收取。

矿工就是以太坊网络中接收、传播、认证和处理交易的节点。矿工将交易分组，包括对以太坊区块链中账户状态的更新并将其组合为区块，然后矿工会争取成为下一个被添加到区块链中的区块。矿工每开采一个成功的区块，都会被奖励以太，如此就能激励人们将硬件和电力投入到以太网的网络中。

矿工通过解决复杂的数学问题来成功地挖掘区块，这就是工作量证明。任何需要借助大量资源去解决算法的计算问题，都远多于验证解决方案所需的资源，这是一个很好的工作量证明。如今，已经在比特币中出现了因使用专用硬件而产生的集中化情况，以太坊为了阻止这种情况的出现，选取内存难以计算的数学问题。这个问题需要内存和 CPU，理想的硬件就是通用的计算机。如此，以太坊的工作量证明也就具备了 ASIC 的特性，比由专用硬件主导的挖矿操作区块链拥有更加去中心化的安全分布。

第四节　以太坊的关键技术

以太坊采用许多信息安全和密码学的相关技术，大致有五个：工作量证明、椭圆曲线密码、哈希函数、默克尔树（Merkle Tree），以及时间戳机制：

关键技术 1：工作量证明

工作量证明机制是区块链的关键技术，是用来确认某人做过一定的工作量证明。主要特征是，工作者需要从事一定难度的工作才能得出结果，但验证方却可以根据该结果很容易地检查出工作者是否做了相应的工作。在系统中这些谜题已经被设计得艰难而又繁重。当矿工解决谜题的时候，要发布他们的区块到网络上验证。在工作量证明机制中也使用了哈希函数，矿工完成计算之后，要采用 Hashcash 算法对计算结果作出证明，其他节点使用相关的数学公式，也更容易验证出该数值（新区块）是否有效。

目前来看，工作量证明存在很多问题。首先，工作量证明是个极端低效的系统，需要消耗大量的电力和能量。其次，工作量证明并不是抗ASIC的，有能力购买更快更强劲的ASIC设备的人和机构通常更能找到区块。

为了解决这些问题，人们提出了权益证明。权益证明让挖矿过程虚拟化，以验证者取代矿工。首先，验证者锁定自己所拥有的币作为保证金。其次，开始验证区块。一旦发现自己认为可以被加到链上的区块，他们就会通过赌注来验证。如果该区块成功上链，验证者就能得到一个与他下注比例相等的奖励。

关键技术2：椭圆曲线密码

在区块链中，使用的公钥密码算法是基于椭圆代数的特性。开发椭圆曲线算法。椭圆曲线算法的安全性依赖于著名的——离散对数问题。

用户A先选定一条椭圆曲线Ep（a，b），取椭圆曲线上一点，作为基点P；之后，用户A选择一个私有密钥k，并生成公开密钥L=kP。用户A将Ep（a，b）和点L、P传给用户b，用户b接到信息后，将待传输的明文编码到Ep（a，b）上一点M，并产生一个随机整数x（x小于r）；之后，用户b计算点C1=M+xL，C2=xP，将C1和C2传给用户A；用户A接到信息后，计算C1−LC2，结果就是点M。

椭圆曲线密码的出现主要受到了RSA算法的启发，RSA方法的优点在于原理简单，易于使用。但是，随着分解大整数方法的不断进步和完善、计算机速度的提高以及计算机网络的发展，作为RSA加解密安全保障的大整数要求越来越高。为了保证RSA使用的安全性，密钥的位数一直在增加，但是密钥长度的增加导致了加解密速度的降低，硬件实现也变得越来越难以接受，这就给 RSA 的应用带来沉重的负担，对进行大量安全交易的电子商务更是如此，使得其应用范围越来越受到制约。

椭圆曲线加密方法与 RSA 方法相比，具有以下几个优点：

（1）安全性能更高。加密算法的安全性能要通过该算法的抗攻击强度来反映。ECC 和其他几种公钥系统相比，抗攻击性具有绝对优势。

（2）处理速度快，在私钥处理上，ECC 远比 RSA 快。

（3）存储空间占用小，ECC 的密钥尺寸比 RSA 要小得多。

关键技术 3：哈希函数

哈希函数是在区块链去中心化系统里有多种用途的单向函数。所有数字媒体，像文件、电影、音乐等都会变成只有 1 和 0 的 2 进制数字串，哈希函数接受任何数字媒体，并在其运行算法产生固定长度和独特的数字输出，也就是所谓的哈希值。

这个固定长度输出比原始输入要小，每次同样的数字媒体都会被接通，会产生精确且相同的哈希值或输出。一旦数字媒体里的一点数据发生了改变，把它与哈希函数接通，数字输出和哈希值就会一起改变，完全不同于过去。哈希函数里的数字确保他人无法从生成哈希里衍生原始数字媒体内容，这让哈希函数成为一个单向函数。

可靠的单向哈希函数具备以下特性：输入任意长度数据必须输出固定长度的散列值；能够快速计算出散列值；输入数据有细小差别也会导致散列值差别很大；具备单向性，无法根据散列值反推出原始数据。

每一个打包好的区块中都有一个 preHash 值，这个值就是前一个区块的哈希值，在以太坊中使用的是 SHA-256 算法。需要遍历验证所有区块时，就要通过 preHash 值索引到上一个区块，直至创始区块。同时，这里还有一个值得关注的成员：MRH（Merkle Root Hash）即默克尔树根节点哈希值。在区块链的每个 Block 中都存放了一定数量被矿工打包的交易，区块链的交易记录是不容窜改的；而检测区块中的交易是否被窜改，就要根据默克尔树根哈希的值前后是否一致来判断。

此外，以太坊还有很多地方用到了散列函数，例如，区块链上的地址，是由散列法运算公钥而得到的；以太坊的账户地址，是以 Keccak-256 散列法运算一个公钥而得出的；以太坊上的签名，是由私钥和需要被签名的数据散列而生成的。

关键技术 4：默克尔树（Merkle Tree）

Merkle Tree，是一种树（数据结构中所说的树），网上大都称为 Merkle Hash Tree，因为，它构造的 Merkle Tree 的所有节点都是 Hash 值。

Merkle Tree 具有以下几个特点：

（1）它是一棵树，可以是二叉树，也可以是多叉树，但无论是几叉树，都具有树结构的所有特点。

（2）Merkle 树的叶子节点上的 value，由你指定，依赖于你的设计，如 Merkle Hash Tree 会将数据的 Hash 值作为叶子节点的值。

（3）非叶子节点的 value 是根据它下面所有的叶子节点值，按照一定的算法计算得出的。例如 Merkle Hash Tree 的非叶子节点 value 的计算方法是：将该节点的所有子节点进行组合，对组合结果进行 Hash 计算，得出 Hash value（哈希值）。

Merkle Tree 多数都用来进行比对和验证处理，用户先从可信的源获得文件的 Merkle Tree 树根，一旦获得了树根，就可以从不可信的源获取 Merkle Tree，然后通过可信的树根来检查接收到的 Merkle Tree。如果 Merkle Tree 是损坏的或虚假的，就要从其他源获取另一个 Merkle Tree，直到获得一个与可信树根匹配的 Merkle Tree。

Merkle Tree 可以看作是哈希表的泛化，因为它的主要特征是哈希函数的特征，输入数据的稍微改变就会使 Hash 运算结果变得面目全非；而且，根据 Hash 值，很难反推原始输入数据的特征，可以用来进行验证处理。

Merkle Tree 协议对以太坊的长期持续性至关重要。区块链网络中存储所有区块的全部数据节点所需的内存空间急速增长，借助 Merkle Tree 协议，以太坊在运行过程中，只要下载区块头即可；使用区块头确认工作量证明，只要下载与其交易相关的默克尔树分支即可。如此，节点只要下载整个区块链的一小部分就能安全地确定任何一笔比特币交易的状态和账户的余额。

关键技术 5：时间戳机制

时间戳是一份完整的可验证数据，能够证明一份数据存在于哪个特定的时间点。其主要为用户提供一份电子证据，证明用户数据的产生时间。在实际应用中，时间戳可以运用于电子商务、金融领域等方面。有了时间戳的记录，一些公开密钥的服务就会变得“不可否认”。

1997 年，密码朋克成员哈伯和斯托尼塔提出了一个用时间戳的方法保证数字文件安全的协议，两人的解释是：用时间戳的方式表达文件创建的先后顺序，创建文件后，其时间戳不改动，使文件被窜改的可能性为零。可信时间戳由算力时间源来保障时间的授时和守时监测，任何机构都无法对时间进行修改，保障时间戳的权威。

时间戳分为两类，一类是自建时间戳，另一类是具有法律效力的时间戳。

自建时间戳。通过时间接收设备（如 GPS，CDMA，北斗卫星）获取时间到时间戳服务器上，并通过时间戳服务器签发时间戳证书。在通过时间接收设备时间时，存在被窜改的可能，因此可以用于企业的责任认定，不具备外部效力，不能作为法庭证据使用。

具有法律效力的时间戳。由中国科学院国家授时中心与北京联合信任技术服务有限公司负责建设，是我国的第三方可信的时间戳认证服务。由国家授时中心负责时间的授时与守时监测，保障了时间戳证书中的准确性和防窜改性，具有法律效力。

在以太坊中，参与交易各方不能否认其行为。在经过数字签名的交易上，就需要打上可信赖的时间戳，从而解决一系列的实际和法律问题。时间戳服务工作流程大致如下：首先，用户对文件数据进行 Hash 摘要处理；用户提出时间戳的请求，Hash 值被传递给时间戳服务器；其次，时间戳服务器对哈希值和一个日期、时间记录进行签名，生成时间戳；最后，时间戳数据和文件信息绑定后返还，用户进行下一步电子交易操作。

第五节　以太坊的主要应用

以太坊是一个平台，上面提供各种模块，用户拿来搭建应用，如果将搭建应用比作造房子，以太坊就提供了墙面、屋顶、地板等模块，用户只要像搭积木一样把房子搭起来，就能改善在以太坊上建立应用的成本和速度。

以太坊通过图灵完备的脚本语言（EthereumVirtual Machinecode，简称 EVM 语言）来建立应用，类似于汇编语言。以太坊里编程使用的是 C 语言、Python Lisp 等高级语言，再通过编译器转换成 EVM 语言。

在以太坊平台上的应用，其实就是合约，也就是以太坊的核心。合约是活在以太坊系统里的自动代理人，有自己的以太币地址，只要用户向合约地址发送一笔交易，合约就能被激活；然后，根据交易中的额外信息，合约就能运行自身代码，最后会返回一个结果，该结果可能是从合约地址发出的另一笔交易。

需要指出的是，以太坊中的交易，不仅可以发送以太币，还可以嵌入更多的额外信息。如果一笔交易是发送给合约的，这些信息就非常重要，因为合约会根据这些信息来完成自身的业务逻辑。

（一）以太坊目前的典型应用

以太坊的典型应用，如表 4-2 所示。

表4-2　以太坊的典型应用

典型应用	说明
黄金投资	Digix团队为所有人设计了一种用于在以太坊区块链上以代币化形式购买黄金的方法。通过Digix，就可以立刻将法定货币（以太坊）转变成黄金代币，与新加坡金库通过加密的形式相连，并获得支持。不管在任何时候，用户都能使用代币进行赎回，换取实体黄金，不用经纪人、不用银行、没有损耗存储，几乎零手续费，直接安全
众筹	在过去几年，Kickstarter、Indiegogo和一些组织机构一直都主导着众筹领域。一家创业公司有了新想法并设定了众筹目标，如果众筹成功，Kickstarter就能收取5%的费用，其他的交给创业公司。可是，在以太坊区块链上，如果创业公司众筹成功，智能合约就会自动将资金转移给创业公司，不收取任何费用
支付系统	以太币被用作货币或价值存储方式，虽然存在很多争论，但是，以太币确实能被用于价值转移。使用以太币支付，可以通过节点或矿工网络进行验证，被写入不可变更账本，如同比特币区块链那样
公司财务	2018年5月初，DAO启动了史上最大规模的众筹项目。从本质上来说，The DAO就是一种去中心化风险投资资金，依赖于集体智慧投票系统来做出投资决定。这是一次革命性试验，如果获得成功，就能看到一些由区块链代码来管理的公司

（二）以太坊的主要应用领域

以太坊的应用主要体现在：

1.Venue：微拍

Vevue 是一个微拍项目，该平台上，用户能够将餐馆、酒店、地点、活动等 30 秒长度的视频剪辑，与世界各地的其他人分享，将 Google 街景带入生活。用户只要有智能手机，回复来自附近的请求，就可以在特定区域内获得比特币或 Venue 代币。此外，该项目还提供 Chrome 浏览器插件，浏览器中的 Google 地图搜索本地企业时，就能访问到 Venue 项目中的餐馆等 POI。如今，Venue 这个程序已经在 Google Play 商店中提供。

2.Etheria：虚拟世界

Etheria 是类似于 Minecraft 的虚拟世界，玩家可以用自己的地图块进行创造性建设。该项目网站认为，整个世界的状态本该如此：所有玩家的行为都应该是通过分布的、基于以太坊区块链的不可信环境来实现的；迄今为止，所有虚拟世界都是由一个实体机构来控制，但 Etheria 的所有内容则是由以太坊网络的参与者共同协商达成一致的，不需要中心化的权威机构。也就是说，Etheria 不会被政府、项目所有者甚至开发团队审查或取消，只要以太坊存在，它就会存在。

3.KYC 链：身份验证

在数字时代，欺诈和身份盗窃引发的金融犯罪风险越来越高，同时也是为了保护个人身份的重要性。为此，KYC-Chain 的目的是就与个人身份达成共识。该服务正在建设中，使用了已有的 KYC（Know Your Customer）约定，能让企业对新用户的身份识别更加简单易用。

该平台的“身份钱包”允许用户分享必要的信息。KYC-Chain 基于以太坊平台，主要采用了“可信看守”—— 可以是法律允许的任何可用于验证 KYC 文件个人或法律实体，如公证人、外交人员、律师、政府等。

可信看守使用 KYC-Chain 平台对用户的 ID 进行检查并进行验证。这些文件被存储在分布式数据库系统中，由可信看守或用户检索，确保证明该 ID 是真实的。

4.Eth-Tweet：微博

目前，这个项目还是一个工作原型。“Eth-Tweet”是一个分布式微博服务，运行在以太坊区块链上，为最多 160 个字符的推文消息提供基本的类 Twitter 功能。分布式意味着没有中心化实体控制参与者发布的内容，一旦发布消息，只能由发布者删除。此外，账户可以在 Ether 中接受捐款，可以通过平台激励提供内容。

5. Ampliative Art：赋能艺术家

Ampliative Art 的出现，主要是为了通过一个社交平台来提升艺术家的条件和前景。项目完成后就会成为一个互惠互利的网络平台，个人可以通过平台为艺术社区做出贡献并通过“替代手段”获得奖励。艺术家能够创建自己的画廊并免费展出作品，用户和艺术家可以通过提示和捐赠、评论和分享以及交换获得奖励。 用户对社区的贡献越多，越有可能获得社区的奖励。该组织赚取的任何收入，都要根据用户的“声誉”进行分配，用户可以通过合作获得奖励并参与决策过程。

6.Wei Fund：众筹

Wei Fund 使用 Web 3.0 技术为以太坊系统提供众筹解决方案，提供了每个人都可以访问的世界级、开源模块化、可扩展的众筹实用程序。该平台的所有构建完全是去中心化的。要使用 Wei Fund，用户需要在支持 Web 3.0 的浏览器中打开 Wei Fund；然后进行开始、贡献、浏览和管理众筹活动。

Wei Fund 的界面和用户体验与传统众筹平台 Kickstarter 或 Go Fund Me 相似，但 Wei Fund 募集的资金都会以 Ether 数字货币进行计算。不同于传统的众筹服务，Wei Fund 使用智能合约，捐款可以变成复杂协议，为创业者筹集资金提供更广泛的可能性。

第五章
区块链与大数据

第一节　大数据的定义、特征和历程

（一）大数据的含义

所谓大数据，就是无法在一定时间内用常规软件工具对其内容进行抓取、管理和处理的数据集合。大数据技术是指从各类数据中，快速获得有价值的信息能力。

适用于大数据的技术，包括：大规模并行处理（MPP）数据库、数据挖掘电网、分布式文件系统、数据库、云计算平台、互联网和可扩展的存储系统。

大数据由巨型数据集组成，这些数据集会超出人类在可接受时间下的收集、庋用、管理和处理能力，必须借由计算机对数据进行统计、比对和解析，才能得到客观结果。

大数据具有催生社会变革的能量，其作用主要表现为：

（1）大数据是提高核心竞争力的关键因素，各行业的决策正在从“业务驱动”变为“数据驱动”。

（2）对大数据的处理分析正成为新一代信息技术融合应用的节点。

（3）大数据时代科学研究的方法将发生重大改变。

（4）大数据是信息产业持续增长的新引擎。

（二）大数据的特征

大数据就是大量的、读取高速的、多维度的、低价值密度的真实数据，其特征如表 5–1 所示。

表5-1　大数据的特征

特征	说明
价值最大	经过分析的数据才有价值，反之，基本上就是垃圾信息，价值含金量很低。数据告诉我们：客户的消费倾向如何？他们想要什么、喜欢什么？每个人的需求有什么区别，哪些可以集合到一起进行分类。据此，就能作出发展趋势和预测，做出更明智的决策。这也是大数据的最大价值
速度极高	即时效性，至少要达到亿级数据一秒查询，做得比较好，可以达到千亿级数据一秒查询。此特征决定了传统技术架构无法满足要求，Hadoop基础架构的出现加快了大数据的发展。因此，有人认为Hadoop是大数据的原因
种类多样	这里的多样化共有两层含义：一是数据来源多样化，如系统数据、设备日志、传感器、文件系统等来源。二是数据结构多样化，这是核心特征，主要包括结构化数据、非结构数据（包括所谓半结构化数据）
容量极高	实施大数据的前提就是数据量要大。大到什么程度？依据目前行情来看，至少要达到TB级

（三）大数据的发展历程

大数据的发展一共经历了如下阶段：

阶段 1：1887~1890 年

该阶段的贡献是发明了数据读取器。为了统计 1890 年的人口普查数据，美国统计学家赫尔曼·霍尔瑞斯发明了电动器来读取卡片上的洞数。使用该设备，美国仅用了一年时间，就完成了原本耗时 8 年的人口普查，在全球范围内开创了数据处理的新纪元。

阶段 2：1935~1937 年

该阶段的贡献是进行了数据的收集整理。美国总统富兰克林·罗斯福利用社会保障法开展了政府一项数据收集项目，IBM 最终赢得竞标，即整理美国的 2600 万个员工和 300 万个雇主的记录。

阶段 3：1943 年

该阶段的贡献是发明了计算机。英国为了破译“第二次世界大战”期间的纳粹密码，以图灵为首的一批工程师研发一台可以大规模处理数据的机器，这台机器可编程自行运算，该计算机被命名为“巨人”。为了找出拦截信息中的潜在模式，它以每秒钟5000字符的速度读取纸卡，将本来要耗费数周才能完成的工作压缩到了几个小时，成功破译了德国部队前方阵地的信息，帮助盟军成功登陆诺曼底。

阶段4：1997年

该阶段的贡献是提出了“大数据”的概念。美国宇航局研究员迈克尔·考克斯和大卫·埃尔斯沃斯首次使用“大数据”这一术语来描述20世纪90年代的挑战：超级计算机生成大量的信息——在考克斯和埃尔斯沃斯案例中，模拟飞机周围的气流——是不能被处理和可视化的。数据集非常之大，超出了主存储器、本地磁盘，甚至远程磁盘的承受能力，他们称为“大数据问题。”

阶段5：2002年

该阶段的贡献是初次建立了大数据库。美国前国家安全顾问约翰·波因德克斯特领导国防部整合现有政府的数据集，组建了一个用于筛选通信、犯罪、教育、金融、医疗和旅行等记录来识别可疑人的大数据库。2010年，美国国家安全局30000名员工成功地拦截和存储了电子邮件、电话和其他通信日报。一年后，国会因为担心公民自由权而停止了这一项目。

阶段6：2004年

该阶段的贡献是商业初级大数据的收集。世界零售巨头沃尔玛零售商，收集和积累了客户购物和个人习惯的大量数据，拥有的容量为460字节的缓存器，比当时互联网上的数据量多一倍。

阶段7：2007~2008年

该阶段的主要贡献是实现了大数据的升级。随着社交网络的激增，技术博客和专业人士为“大数据”概念注入新的生机，世界范围内已有的其他工具将被大量数据和应用算法取代。一些政府机构和美国的顶尖计算机科学家声称，应该深入参与大数据计算的开发和部署工作，因为它将直接有利于任务的实现。

阶段 8：2009 年 1 月

该阶段的贡献是建立了生物识别数据库。印度政府建立印度唯一的身份识别管理局，对 12 亿人的指纹、照片和虹膜进行扫描，并为每人分配 12 位的数字 ID 号码，将数据汇集到世界最大的生物识别数据库中，起到提高政府的服务效率和减少腐败的作用。

阶段 9：2009 年 5 月

该阶段的贡献是制订了数据开放计划。美国总统巴拉克·奥巴马政府推出 data.gov 网站，作为政府开放数据计划的部分举措。该网站的超过 4.45 万量数据集被用于保证一些网站和智能手机应用程序来跟踪从航班到产品召回再到特定区域内失业率的信息，这一行动激发了从肯尼亚到英国范围内的政府们相继推出类似举措。

阶段 10：2011 年 2 月

该阶段的贡献是大数据初露锋芒。IBM 的沃森计算机系统在智力竞赛节目《危险边缘》中打败了两名人类挑战者。后来《纽约时报》配音这一刻为一个“大数据计算的胜利。”

（四）大数据的意义

农业社会、工业社会和信息社会，就是典型的按原型结构划分的社会。农业社会的原型结构是实体；工业社会的原型结构是价值；农业社会的结构缺陷是缺乏质量，工业社会的结构缺陷是缺少意义，尤其当工业化供给过剩时，人们不是考虑生产到底是为什么，而是用供给来创造需求，为了解决过剩而人为创造需求的手段。人们感觉的有钱但不快乐，或 GDP 发展但幸福感下降，就是过度关注价值（钱）的结果，是人为了赚钱而忘记了生活的意义。

信息社会以“意义”为原型，信息社会则是专注于人生存的意义为目的的社会，以实现人生意义为目的，校正人的一种技术手段，使做事时时处处符合它的宗旨，既反对工业化过度也反对不足，数据的作用就是让人不忘初心。“自己活着的意义”，就是指个性化目的价值，而“意义”的标准载体就是数据。

人们的日常生活产生大量的数据，且这些数据是有意义的。比如上网、购物、出行及娱乐等，都会留下大量的数字足迹。对个人数据进行分析，就能了解一个人的生活喜好和价值取向，如喜欢的网站、偏好的内容、购物旅游的偏好性，以及对价格的敏感度等。掌握了这些信息，就能提高网络广告的精准度和针对性。

同时，将不同人的数据汇总在一起，又能揭示旅游热点、出行规律和疾病趋势等。以这些数据作参考，使人们的生活变得更好、更方便、更安全。例如，政府和企业能够更好地指导和安排工作，如春运期间从 A 地到 B 地安排多少车辆、新年集会热点地区提前做好安保工作等。而掌握了更多的数据，还可以解决更复杂的问题，或者把同一个问题研究得更清楚、更彻底。

大数据一旦成为全社会专业化从事的工作，就会形成经济、社会和文化等各方面活动的原型结构。最大的改变，就是把人类“实现目的”变成专业化工作。生产只不过是手段，消费才是真正的目的。大数据的目标就是让每一个人都回归到自己的生命意义里。

第二节　区块链对大数据的影响

区块链对大数据的影响，随着区块链的发展而逐步发挥效应。

区块链的应用逐渐从 1.0 到 2.0，区块链 1.0 指的是在区块链这个大账本上记录比特币等数字货币交易，而区块链 2.0 会在金融和其他领域加入更广泛的应用，如此大数据架构就会得到区块链技术的支持，更安全地发挥价值。例如，作为底层架构，区块链能够服务于数字资产发行、版权保护和供应链管理等领域。

区块链的可信任性、安全性和不可窜改性，使更多的数据被释放出来。区块链技术发展为大数据的应用带来新的思路和方向，其影响意义极其深远：

影响 1：区块链放大数据的价值

众所周知，数据无处不在，而且数量众多，不但有历史数据，还有社交媒体应用生成的新数据。如今，人们的联系比以往更加紧密，这种相互联系催生出越来越多的数据源，产生了比以往更大的数据量。数据量的增加，要求计算能力也随之增加，才能从数据中获取价值。由于互联化和网络技术进步，数据传入企业的速度和方向不断增加，数据传入速度也超出了我们能理解的速度。数据传入速度越快，数据来源种类越多，就越难从数据中获取价值。

其实，数据是由人创造的，都是行为数据、敏感数据、隐私数据、社交数据、交通消费等数据。但互联网公司认为，数据是公司的，在它的世界里可以合理利用以及变现。这些数据给我们的生活带来便利的同时也存在一定隐患。

同时，信息不对称的问题虽然被互联网的普及有所缓解，但信用的不对称并未破除。中心化的数据巨头占有了大量的个人数据，既不能也不愿提供给其他机构或企业来优化客户服务，随着日益严重的“信息孤岛”问题，信任成本越来越高，引起了工作和生活的极大不便。“信息孤岛”是指相互之间在功能上不关联互助、信息不共享互换以及信息与业务流程和应用相互脱节的计算机应用系统。具体体现在以下几个方面：提供的服务越来越丰富，涉及的部门也越来越多；与陌生人交易，非常担心被骗；不管是雇用还是合作，找到靠谱的人的成本很高。

这些现象出现的原因还是个人数据没有得到充分的流转和使用，如果这些数据在清洗后得以全面使用，就可以让数据多跑、让人少跑，提高社会运行效率。区块链则可以让数据所有权回归大众。一旦成为数据的主人，别人要看你的数据，就要得到你的同意。如果你的数据别人需要付费来看，或想要授权给别人，都需要得到你的确认，那么数据安全问题就解决了。可以说，区块链未来最重要的底层技术，与数据未来最重要的社会资源结合在一起，能够释放出极大的商业价值、社会价值。

影响2：区块链使大数据降低信用成本

未来的信用资源从何而来？其实中国正迅速发展的互联网金融行业已经告诉我们，信用资源在很大程度上来自大数据。通过大数据挖掘建立每个人的信用资源很容易，但是现实并不乐观。关键问题在于，现在的大数据并没有基于区块链存在，互联网公司几乎都是各自垄断，导致了数据的“孤岛现场”。

不同于中心化的数据孤岛，通过区块链能够实现安全可靠的数据分享。利用区块链的特性，能方便可靠地实现去中心化、端到端加密的云存储。在这种平台上，数据所有者对数据拥有绝对的控制权，还能灵活地分享给第三方。

在经济全球化、数据全球化的时代，如果大数据仅掌握在互联网公司，全球的市场信用体系并不能去中心化；如果使用区块链技术给数据文件加密，直接在区块链上做交易，交易数据就能完全存储在区块链上，成为个人的资源，所有的大数据将成为每个人产权清晰的信用资源，这也是全球信用体系构建的基础。

影响 3：区块链是构建大数据时代的信任基石

数据的信任问题可以在区块链上解决，其去信任化、不可篡改等特性，可以降低信用成本，实现大数据的安全存储。将数据放在区块链上，可以解放出更多数据，使数据流通起来。

基于区块链技术的数据库应用平台，不仅可以保障数据的真实、安全、可信；如果数据遭到破坏，可以通过区块链技术的数据库应用平台“灾备中间件”进行恢复。例如，Ownership Technology 基于存储于区块链上的数据不可被篡改的特性，开发了去中心化的防伪溯源系统。该系统避免了传统中心化数据解决方案里，敏感数据容易由于操作不当或外部入侵等原因而被篡改的问题。

灾备中间件（AlBisc），建立在日志式数据库系统 ChainSQL 平台之上，是一种连接企业数据库生产节点和灾备节点的中间件产品。系统提取本地数据库操作日志，以交易的方式达成节点共识，并存储在区块链上，既可以实现数据库的多节点备份，也能通过执行日志操作恢复数据库到任何时间点。采用区块链的底层技术，可以确保每个灾备中间件的数据同时被确认和写入中间件，保持多副本间的数据强一致性。

影响 4：区块链对大数据价值流通和确权

不同于过去的资金流、物流，数据流帮助产业以另一个视角（大数据）来认知产业，推动产业升级。

“流通”使得大数据发挥更大的价值，类似资产交易管理系统的区块链应用，在行业上下游之间，会出现类似于资金流、物流的数据流流通交易，可以将大数据作为数字资产流通，实现大数据在更加广泛的领域应用及变现，充分发挥大数据的经济价值。一方面，客户需要对自有的数据进行价值分析；另一方面，企业需要将个体数据与行业上下游的数据进行流通、共享、跨界应用，从而提升在产业链中的竞争力，打造闭环的数据生态链，实现自有数据的增值，并从数据生态链中获益。

数据的“看过、复制即被拥有”等特征，曾经严重阻碍了数据流通。但基于去中心化的区块链，却能够破除数据被复制的威胁，从而保障数据拥有者的权益。通过区块链数据确权是指对数据的所有权、占有权、使用权、受益权和其他权利的确认和确定。

通过数据确权，建立全新的、可信赖的大数据权益体系，为数据交易、公共数据开放、个人数据保护提供技术支撑，同时为维护数据主权提供保障。对于数据资产的确权，区块链技术已经被证实是一种存储永久性价值数据的解决方案，目前在真实性验证、土地所有权、股权交易等场景中已得到应用。

第三节　大数据与区块链的异同

当人们在比特币的背景下谈论区块链时，与大数据的联系似乎有些牵强。如果不是比特币，区块链是金融交易的分类账，还是商业合同，抑或股票交易？金融行业正在认真研究区块链技术，区块链技术可以将交易处理时间从几天缩短到几分钟。

金融服务行业采用区块链技术势在必行。想象一下这个数量级的区块链，其庞大的数据湖包含了所有金融交易的历史记录，且全部可供分析。区块链提供了分类账的完整性，但不能用于分析，这就是大数据和相关分析工具发挥作用的地方。

（一）大数据与区块链的共同点

进入大数据时代，云计算成为大数据基础设施，也使得大数据的核心思想和云计算一脉相承。大数据和区块链之间有个共同的关键词：分布式，代表了从技术权威垄断到去中心化的转变。

1. 分布式的储存

大数据储存无法在一定时间范围内用常规工具捕捉、管理和处理的数据集合，是需要新处理模式才能具有更强的决策力、洞察发现力和流程优化能力的海量、高增长率和多样化的信息资产。大数据需要应对海量化和快增长的存储，这要求硬件架构和文件系统在性价比上要高于传统技术，能够弹性扩张存储容量。

区块链是比特币的底层技术架构，本质上是去中心化的分布式账本。区块链技术作为持续增长的、按序整理成区块的链式数据结构，通过网络中多个节点共同参与数据的计算和记录，并且互相验证其信息的有效性。从这一点来说，区块链技术也是特定的数据库技术。由于去中心化数据库具有安全、便捷等特性，业内人士看好其发展，认为它是对现有互联网技术的升级与补充。区块链则是纯粹意义上的分布式系统。

2. 分布式计算

大数据的分析挖掘是数据密集型计算，需要巨大的分布式计算能力。节点管理、任务调度、容错和高可靠性是关键技术。Google 是这种分布式计算技术的代表，通过添加服务器节点可线性扩展系统的总处理能力，在成本和可扩展性上都有巨大的优势。除了批量计算，大数据还包括流计算、图计算、实时计算、交互查询等计算框架。

区块链的共识机制，就是所有分布式节点之间怎么达成共识，通过算法来生成和更新数据，认定一个记录的有效性，既是认定的手段，也是防窜改的手段。区块链包括四种不同的共识机制，适用于不同的应用场景，在效率和安全性之间取得平衡。以比特币为例，采用的是工作量证明，只有在控制了全网超过 51% 的记账节点的情况下，才有可能伪造出一条不存在的记录。

（二）大数据与区块链的不同

2011 年，“大数据”第一次上榜，位于技术萌芽期的爬坡阶段，当时还统称为“Big Data and Extreme Information Processing and Management”（大数据和极端信息处理和管理）。2012 年更进一步，并在 2013 年达到了过热期顶峰。经历了 2014 年的下滑，从 2015 年开始，“大数据”突然从曲线中消失，可解读为 Gartner 对大数据的定位已从“新兴”转为“主流”。

当前，大数据对于企业的意义已从能力要素上升为战略核心。相对来说，“区块链”三个字直到 2016 年才出现在《技术成熟度曲线》中，并直接进入过热期。

总的来看，大数据和区块链所处的生命周期大不相同，两者约有 5 年的差距。大数据通常用来描述数据集足够大，足够复杂，以致很难用传统的方式处理。区块链能承载的数据是有限的，离大数据标准还差得很远。

大数据与区块链的差异主要表现，如表 5–2 所示。

表5-2　大数据与区块链的差异

差异	说明
结构化vs非结构化	区块链是结构定义严谨的块，通过指针组成的链，典型的结构化数据，而大数据需要处理的更多的是非结构化数据
匿名vs个性	区块链是匿名的（公开账本、匿名拥有者，相对于传统金融机构的公开账号、账本保密），而大数据有意的是个性化
直接vs间接	区块链系统本身就是一个数据库，而大数据指的是对数据的深度分析和挖掘，是一种间接的数据
数学vs数据	区块链试图用数学说话，区块链主张“代码即法律”，而大数据试图用数据说话
独立vs整合	区块链系统为保证安全性，信息是相对独立的，而大数据着重的是信息的整合分析

第四节　区块链+大数据=新发现

（一）大数据应用过程中的“瓶颈”

大数据在具体应用过程中存在“瓶颈”问题：

1. 免费共享问题难以有效落实

数据本身就是非常高效的、推动企业发展和创新的资产，很多服务商和厂商都把大数据当成一种私有品，不愿意轻易拿出来与他人共享。因此，就出现了“大数据是私有的，还是公有资源”“到底谁拥有所有权、处置权和交易权”等问题，短时间内无法解决。

2. 无法适应经济的快速发展

作为创新技术，大数据受到了国家政策的极大鼓励。大数据具有超强的处理和分析能力，还能将数据移到云端，进而在云端进行更大规模的处理，提升处理速度。即便如此，依然无法大幅提高经济发展速度，无法支撑新兴行业的诞生。

3. 大数据交易监管不完善

在法律法规方面，大数据本身在监管方面存在一定的难度，不仅缺少对整个数据流通过程进行跟踪的手段，在安全保护、数据服务变现等方面也存在很大“瓶颈”。

4. 无法自证清白

在实际应用过程中，大数据离不开数据资产进行流通交易的环境，而大数据交易中心却无法对其交易大数据的清白进行自我证明。

（二）区块链助力大数据提高价值

随着区块链技术的发展从 1.0 到 2.0 再到 3.0 的过渡，区块链在各个领域中的应用将会更加广泛。大数据得到区块链的技术支持后，将会创造出人工智能时代的数据神话，使大数据发挥出更大的价值。主要体现在以下几个方面：

1. 区块链让大数据放心地流动起来

区块链具有可信任、不可窜改等特点，能够使更多的数据被释放。以区块链推进基因测序大数据的产生为例。区块链测序利用私钥限制访问权限，规避法律对个人获取基因数据的限制，并利用分布式计算资源、低成本地完成基因测序服务。区块链的安全性使测序成为工业化解决方案，实现了全球规模的测序，推进了数据的海量增长。

2. 区块链保证数据的安全性

数据分析就是实现数据价值。在数据分析过程中，面临的首要问题是：怎样有效保护隐私问题、如何防止核心数据泄露？

指纹数据分析应用和基因数据监测与分析手段的普及，会给很多人带来隐私安全危机，一旦健康数据和基因数据发生泄露，会导致严重后果，例如，不法分子利用基因数据提取基因进行人体克隆等，会严重影响社会秩序。

区块链通过多签名私钥、加密技术、安全多方计算技术，能够有效防止数据泄露问题。使用数字签名，只有授权人可以对数据进行访问。数据被统一存储在去中心化的区块链上，即使没对原始数据进行访问，也可以对数据进行分析，如此不仅可以保护数据的私密性，还可以让全球指定的科研机构、医生共享，为疑难疾病等研究提供便利。

总之，区块链技术的出现，使得“区块链＋大数据”产生了更大的价值，为大数据的应用带来了新的思路和发展方向，其应用前景也变得更加广阔。

（三）区块链＋大数据＝新发现

由于区块链拥有每笔交易的数据库记录，如果需要，完全可以提供实时挖掘模式，从客户资料分析到用于其他目的分析的所有事情，大大提高了数据分析的透明度，区块链系统识别的客户行为模式可能比现在更为精确，发现更多的数据价值，如表 5-3 所示。

表5-3　区块链+大数据的新发现

新发现	说明
发现交易数据	根据预测，区块链中的数据价值数万亿美元，因为区块链将在银行、小额支付、汇款和其他金融服务应用。实际上，截至2030年，区块链账本的价值可能达到大数据市场的20%，其年收入可达1000亿美元。从这个角度来看，这个潜在的收入超过了Visa、Mastercard和PayPal等金融支付工具目前所产生的收入。大数据分析对跟踪这些活动至关重要，能够帮助组织使用区块链做出更明智的决策。如今，数据情报服务已经出现，能够帮助金融机构、政府机构和各种组织深入研究他们可能与区块链互动并发现“隐藏”模式
发现风险的能力	传统银行业实时转账昂贵的原因之一是具有潜在的风险。双重支出（这是一种重复使用相同安全令牌的交易失败形式）是实时传输面临的一个实际问题。通过区块链可以显著地避免这种风险。大数据分析使得识别消费者支出模式成为可能，并且比现在可以更快地识别高风险交易，这降低了实时交易的成本。银行业之间采用区块链技术的交易方式，主要原因是以极低的成本对资金进行实时传输

区块链与大数据的安全分析识别技术，在医疗保健、零售以及公共管理领域，已经开始试验让区块链来处理数据，以防黑客入侵和数据泄露。在医疗保健方面，区块链等技术可以确保在各个级别的数据访问中寻求多个签名，这有助于防止病历被盗的事件。

第六章
区块链和云计算

第一节　云计算的定义和特点

（一）云计算的定义

什么是云计算？狭义的云计算是指 IT 基础设施的交付和使用模式，指通过网络以按需、易扩展的方式获得所需的资源（硬件、平台、软件）。提供资源的网络被称为“云”。云计算是基于互联网的超级计算模式，在远程的数据中心里，成千上万台电脑和服务器连接成电脑云。“云”中的资源在使用者看来是无限扩展的，并且可以随时获取，按需使用，随时扩展，按使用付费。这种特性被称为像水电一样使用 IT 基础设施。

广义的云计算是指服务的交付和使用模式，是指通过网络以按需、易扩展的方式获得所需的服务。这种服务可以是 IT 和软件、互联网相关的，也可以是任意其他的服务。云计算服务甚至可以让你体验每秒 10 万亿次的运算能力，拥有这么强大的计算能力可以模拟核爆炸、预测气候变化和市场发展趋势。用户通过计算机、笔记本、手机等方式接入数据中心，按自己的需求进行运算。

云计算就是这样一种变革——由谷歌、亚马逊、阿里、腾讯等专业网络公司来搭建计算机存储、运算中心，用户通过网线借助浏览器很方便地访问，把“云”作为资料存储以及应用服务的中心。IBM 的创立者托马斯·沃森曾表示，全世界只需要 5 台计算机就足够了。比尔·盖茨则在一次演讲中称，个人用户的内存只需 640K 足矣。例如，阿里云计算发布的

Matrix+（码 +）计划，通过连接全球 PC、平板电脑、超便携设备和手机等设备，组建人类有史以来最强大的计算网络，这些强大的计算功能将被用来搜索外星人。当 10 亿台手机一起计算时，超过了人类有史以来的计算总和，能开放地支持人类公共利益的科研项目。

当用户接受邀请后，Matrix+ 在手机连接 Wi-Fi 并待机时自动运行，为其指派经过分解的科研任务。点亮屏幕时，计算会自动停止，而且不会对正常的手机使用造成任何影响。未来，iPad、电视盒子、智能电视、路由器等智能设备，都可参与这个计划。这就是手机版的云计算，而云计算则是众多服务器的加强版。

（二）云计算的特点

云计算的特点，如表 6–1 所示。

表6–1 云计算的特点

特点	说明
潜在的危险性	云计算服务除了提供计算服务外，还提供了存储服务。但是，目前的云计算服务被垄断在私人机构（企业）手中，仅能提供商业用途。所有数据都存储在云端，存储数据的安全性需要加密保障，未经授权的用户可以访问你的机密数据。当组织选择在公共云上存储数据或主机应用程序时，将失去对承载其信息的服务器进行物理访问的能力。 因此，敏感和机密数据面临外部和内部人员的攻击风险
虚拟化可扩展	云计算支持用户在任意位置、使用各种终端获取应用服务。所请求的资源来自云，而不是固定的有形实体。应用在云中某处运行，但实际上用户不用了解、也不用担心应用运行的具体位置。只要一台笔记本或一个手机，就能通过网络服务来实现需要的一切，甚至包括超级计算等任务。云的规模可以动态伸缩，满足应用和用户规模扩展的需要
按需服务	所谓云计算，就是将资源池里的数据集中起来，通过自动管理实现无人参与，让用户在使用的时候自动调用资源，支持各种程序进行运转，不用为细节而烦恼，可以专心于自己的业务，云计算彻底改变了人们未来的工作方式和生活状态。在云这个庞大的资源池，只要按需购买，云可以像自来水、电、煤气一样计费

续表

特点	说明
运营成本低	应用程序在云端运行，不需要众多的传统台式机，云计算使企业极大限度降低了计算机运营成本。云的特殊容错措施可以采用极其廉价的节点来构成云，云的自动化集中式管理使大量企业无须负担日益高昂的数据中心管理成本，资源的利用率大幅提升，用户可以充分享受云的低成本优势
通用且可靠	云计算不针对特定的应用，在云的支撑下可以构造出千变万化的应用，同一个云可以同时支撑不同的应用运行。云使用了数据多副本容错、计算节点同构可互换等措施来保障服务的高可靠性，使用云计算比使用本地计算机可靠
超大规模	云具有相当的规模，例如，Google云计算已经拥有100多万台服务器，Amazon、IBM、微软等的云均拥有几十万台服务器。企业私有云一般拥有数百上千台服务器，云能赋予用户前所未有的计算能力

第二节　区块链和云计算的关系

云计算是按需求分配的，表面看起来，跟区块链没有什么直接关系，但区块链本身就是一种资源，有按需供给的需求，是云计算的重要组成部分。

1. 从宏观来看

区块链是分布式账本数据库，是一个信任体制，而云计算则是一种按使用量付费的模式。从定义来看，两者好像没有直接关联，但是区块链作为一种资源存在，有按需供给的需求，两者之间可以相互融合。

目前，区块链在技术、开发成本等方面存在许多问题，将二者的技术融合在一起，一方面，企业可以利用云计算的基础设施，通过较低的成本，快速便捷地在各领域进行区块链开发部署；另一方面，云计算可以利用区块链的中心化、数据不能窜改等特性，解决制约云计算发展的“可信、可靠、可控制”三大问题。

2. 从安全性来看

云计算的安全属于传统安全领域范畴，主要为了保证应用安全、稳定、可靠运行；区块链的安全性，能够确保数据块不会被随意窜改、数据块的内容不被没有私钥的用户读取。只要将云计算与区块链很好地结合起来，就能设计出非常优秀的加密存储设备。

3. 从存储方面来看

云计算内的存储是一种资源，采用共享的方式独立存在，由应用来选择；区块链里的存储是链里各节点的存储空间，区块链里存储的价值不在于存储本身，而在于相互链接的块，是一种特殊服务。区块链与云计算相结合，在 IaaS、PaaS、SaaS 的基础上创造出了 BaaS（区块链服务），形成了将区块链技术嵌入云计算平台的趋势。

第三节　区块链和云计算的对比

通过不同的切入点，我们对区块链和云计算做个对比，如表 6–2 所示。

表6–2　区块链和云计算的对比

	云计算	区块链
底层技术三要素	计算，存储，网络	账本，算法，网络
类型	公有云，私有云，混合云	公有链，私有链，联盟链

（一）底层技术三要素

1. 云计算

云计算的底层三要素：

（1）计算虚拟化。计算虚拟化就是在虚拟系统和底层硬件之间抽象出

CPU 和内存等，以供虚拟机使用。计算虚拟化技术需要模拟出操作系统的运行环境，这个环境可以安装 Windows，还可以安装 Linux，这些操作系统被称作 Guest OS。它们相互独立，互不影响。计算虚拟化可以将主机单个物理核虚拟出多个 Vcpu（电脑中的虚拟处理器），这些 Vcpu 本质上就是运行的进程，考虑到系统调度，所以说并不是虚拟的核数越多越好；内存相似的，把物理机上面内存进行逻辑划分出多个段，供不同的虚拟机使用，每个虚拟机都有自己独立的一个内存。

（2）存储虚拟化。对于用户来说，虚拟化的存储资源就像是一个巨大的存储池，用户不会看到具体的磁盘、磁带，也不必关心自己的数据经过哪一条路径到达哪一个存储设备。从管理的角度来看，虚拟存储池是采取集中化的管理，根据具体的需求把存储资源动态地分配给各个应用。

（3）网络虚拟化。网络虚拟化是一种重要的网络技术，可在物理网络上虚拟出多个相互隔离的虚拟网络，不依赖于底层物理连接，能够动态变化网络拓扑，提供多用户隔离，使不同用户之间独立的网络资源切片变成可能，从而提高网络资源利用率，实现弹性的网络。

2. 区块链

区块链的底层三要素：

（1）共享账本。这里的共享账本就是一种分布式账本技术，就是一个可以在多个站点、不同地理位置或多个机构组成的网络里进行分享的资产数据库。账本里的任何改动，都能在所有副本中反映出来，反映时间为几分钟甚至几秒内。该账本里存储的资产，可以是金融、法律定义上的、实体的或电子的资产，通过公私钥和签名的使用去控制账本的访问权，对密码进行基础维护。

（2）共识算法。在发展过程中，区块链一共出现了六种典型共识算法：PBFT、PoW、联合共识、DPos、Pos、BFT，具体内容如表 6–3 所示。

表6–3　典型的共识算法

共识算法	说明
PBFT	是一种状态机副本复制算法，以服务作为状态机进行建模，状态机在分布式系统的不同节点进行副本复制。将所有副本组成的集合使用大写字母R表示，使用0到|R|–1的整数表示每一个副本。为了描述方便，假设|R|=3f+1，这里f是有可能失效的副本最大个数。虽然可以存在多于3f+1个副本，但额外的副本只能降低性能，并不能提高可靠性
PoW	机制俗称挖矿，挖的是比特币里的区块，包含交易、时间、自定义数值来计算该区块的Hash。一个合格的区块的Hash必须满足这样几个条件：前N位为零，调整前面提到的三个参数来寻找满足条件的Hash；Hash算法足够随机，零的个数越多，算出Hash的概率越低
联合共识	这种共识使网络能够基于特殊节点列表达成共识。共识遵循核心成员的51%权利，外部人员则没有影响力。这种共识方式同样极大提高了效率，却需要确保特殊节点中恶意节点不能超过51%
DPos	从某种角度来看，DPos很像议会制度或人民代表大会制度。如果代表不能履行职责，他们会被除名，网络会选出新的超级节点来代替他们
Pos	其基本原理是：让每个持有比特股的人投票，由此产生101位代表，将它理解为101个超级节点或矿池，这些超级节点彼此的权利完全相等
BFT	拜占庭容错算法是很早就提出的分布式容错算法

（3）P2P 网络。网络中的每台计算机既能充当网络服务的请求者，又能对其他计算机的请求做出响应，提供资源、服务和内容。通常这些资源和服务包括：信息的共享和交换、计算资源、存储共享、网络共享、打印共享等。为了实现分布式账本的能力，区块链也采用了 P2P 网络。网络中的参与者是平等的，共同遵守相同的协议。

（二）类型

1. 云计算

（1）公有云。公有云的服务并不是由用户私人拥有，而是大众，是公共所有，只要付钱，都可以租到服务。公有云由 IDC 服务商或第三方提供资源（比如说应用和存储），这些资源是在服务商的场所内部署。共有几个好处：不仅通过网络提供服务外，客户只需为他们使用的资源支付费用。

（2）私有云。是企业传统数据中心的延伸和优化，能够针对各种功能提供存储容量和处理能力，是企业唯一拥有基础设施资源的渠道。与公共云模型相比，私有云的好处是：安全性更高，每个公司唯一可以访问它的指定实体，组织更容易定制其资源，满足特定的 IT 要求。

（3）混合云。出于安全考虑，企业一般都希望将数据存放在私有云上面，使用公有云的免费资源，将公有云与私有云混合运用，将敏感数据或关键性的工作放在私有云上，而普通工作或需要扩展的工作放在公有云上，达到既安全又省钱的目的。混合云方法的好处是：允许用户利用公共云和私有云的优势，为应用程序在多云环境中的移动提供了灵活性。此外，混合云具有成本效益，企业可以根据自身需要决定使用成本更昂贵的云计算资源。

2. 区块链

（1）公有链。公有链是指全世界任何人都可读取的、任何人都能发送交易且交易能获得有效确认的、任何人都能参与其中共识过程的区块链——共识过程决定哪个区块可被添加到区块链中和明确当前状态。公有链通常被认为是“完全去中心化”的。特点如下：保护用户不受开发者的影响；在公有链中程序开发者无权干涉用户，所以区块链可以保护使用他们开发程序的用户；访问门槛低；任何拥有足够能力的人都可以访问，也就是说，只要有一台联网的计算机就能够满足访问的条件；所有数据默认公开。

（2）私有链。私有链是指其写入权限仅在一个组织手里的区块链。读取权限或者对外开放，或者被任意程度地进行限制。特点如下：交易速度非常快；给隐私更好的保障；交易成本大幅降低几乎为零；有助于保护其产品不被破坏。

（3）联盟链。联盟链是指共识过程受到预选节点控制的区块链；例如，想象一个由 15 个金融机构组成的共同体，每个机构都运行着一个节点，而且为了使每个区块生效需要获得其中 10 个以上机构的确认。区块链或者允许每个人都可读取，或者只限于参与者，或者走混合型路线，例如，区块的根哈希及其 API（应用程序接口）对外公开，API 可允许外界用来作有限次数的查询和获取区块链状态的信息。这些区块链可视为“部分去中心化”。

第四节　云计算和区块链的相互融合

云计算的技术和区块链的技术之间是可以相互融合的，具体体现在：

1. 需要大量并行简单计算的资源

云计算主要是以 CPU（“Central Processing Unit”的简称，即中央处理器）为核心的逻辑计算，而区块链是以 GPU 或 ASIC（“Application Specific Integrated Circuit”的简称，即专用集成电路）为核心的简单的线性计算。

CPU 是全能选手，主要实现复杂的应用架构；而 GPU 或 ASIC 擅长大量简单并行计算，来获取工作量证明。区块链内的大量矿机擅长简单并行计算的 GPU 或 ASIC 组成；GPU 并不能取代现有的以 CPU 为主的应用计算服务，但是云计算还可以提供 AI（“Artificial Intelligence”的简称，即人工智能）计算服务。

和区块链相似，为了实现 AI 服务，云计算需要大量简单计算的资源。

如果以 GPU 为主的矿机大量闲置，可以通过改造软件和网络的方式来实现分布式的 AI 计算服务。但现在就想让矿机停止挖矿，提供 AI 的计算服务是不可能的。现在矿机们都在全力挖矿（比特币），挖矿的收益远远高于出租 GPU 的收益，不会有多余资源可以被云计算利用。所以，在很长一段时间内，云计算还需要单独购置 AI 计算能力，不可能利用区块链里的矿机能力。

2. 应用网络结构独特

云计算的网络一般认为是一个在大二层网络基础上构建复杂的应用网络，而区块链是一个扁平架构的 P2P 网络。云计算的网络为了实现应用的复杂网络拓扑，完全采用为应用进行定制的方式，每个计算单元之间是通过以路由为核心来实现逻辑关系的。而区块链的网络存储就是一个建立在公共网络的 P2P 网络。

在这个网络里，每个计算单元的网络地位都是平等的。在彻底扁平的网络里，是以快速传播信息为目的，不可能实现云计算复杂的网络架构。

如果将来矿机资源大量闲置，还可以作为 AI 的计算单元，也不是一下子就能华丽转身。从 AI 应用的网络角度来看，现有的 P2P 网络也是不符合的，而是要由新的网络技术把这些东西串接起来，不会是简单的 P2P 网络，具体是什么，我们拭目以待。

3. 存储由普通存储介质组成

云计算内的存储有很多种，有基于文件的、基于对象的、基于块的。这些存储作为一种资源，往往是独立存在的，一般采用共享的方式，由应用来选择。而区块链里的存储是作为链里各节点的存储空间，一般就是本机所带来的普通廉价硬盘独立存在。区块链里存储价值不在于存储本身，而在于相互链接的不能更改的块。

云计算内的存储和区块链内的存储都是由普通存储介质组成的，只是相应管理物理介质的“文件系统”有所差异。而它的区别是区块链的文件系统可以写和读取数据，但数据一旦被写入就不能修改和删除。同时还会采用海量的独立副本来确保数据的不可修改性和数据的完整性。

区块链存储的重点不在于“块”，而在于“链”。通过链来确保记录的不可修改性，是一种特殊的存储服务。云计算里的确也需要这样的存储服务，比如结合“平安城市”，将数据放在这种类型的存储里，利用不可修改性，将视频、语音、文件等作为公认的法律依据。

云计算里区块链的存储服务有两种实现方法：第一种方法是将数据块直接记录在区块链里；第二种方法是将记录的数据块进行哈希，将哈希值记录在区块链里，但真正的内容还是记录在普通存储里或云端。

第一种方法想要实现很容易，直接将内容写入区块链即可，但需要海量的存储，每个记录内容都会有海量的副本。如果这样，将来每个链内节点的存储需求就不是现在的几百个 G，而是大到海量。所以这种方案是不可行的。

第二种方法采用控制和内容分离，区块链里只记录每个内容块的哈希值，不需要每个链内节点拥有海量的存储，真正的内容是记录在传统的存储中。一旦存储内容被修改，所对应的哈希值也发生变化，那么就不能和区块链内的哈希值匹配，这样的行为是被禁止的，确保了存储内容的不可修改性。这才是区块链和云计算的有效结合。

4. 安全、稳定、可靠

云计算主要确保应用能够安全、稳定、可靠运行。这种安全属于传统安全领域范畴。而区块链内的安全是确保每个数据块不被窜改，数据块的记录内容不被没有私钥的用户读取。利用这一点，如果和上面介绍的区块链的安全存储产品相结合，就能设计出加密存储设备。

5. 管理和协同

云计算和区块链里的管理方法和资源协同是不一样的。云计算实际上是通过集中的控制器进行有中心化的管理。虽然资源是分布式提供，但管理一定是集中的；所有资源的分配、调度和应用都被集中管理。而区块链则采用无中心的管理方式，所有的节点都是一样的，就没有必要进行管理，都是自发和自动的。所以，当区块链的资源要转化为云计算资源的时候，除了网络，管理也是必须重构的。

第七章
区块链和共享经济

第一节　共享经济的特点和分类

（一）共享经济的概念

共享经济是应用经济学的专业术语，是由美国得克萨斯州立大学社会学教授马科斯·费尔逊和伊利诺伊大学教授琼·斯潘思于1978年提出的。共享经济可以定义为以获得报酬为主要目的，基于陌生人且存在物品使用权暂时转移的新的经济模式。

共享经济的概念在40年前就被提出，但是在我国却是近几年才开始流行，以共享单车ofo和摩拜之争为引爆点，一系列打着共享经济旗号的项目如雨后春笋般成长起来，短时间内可能融资过亿。

要深入理解共享经济的概念，首先要弄清楚什么是共享。共享说明资源是供大家共同享有的，确切地说，如果对象是客观实体，那么共享的实际上是物品的使用权，在某一段时间内某一用户拥有该物品的使用权，在使用结束后，物品的使用权移交给下一位用户。其次是经济，经济指的是经济利益，获得物品使用权的用户需要付出一定的费用给物品的所有权拥有者，以激励物品所有者转交物品的使用权，从而达到共享的目的。更广泛地说，知识、经验以及技能等也可以共享，用户将自己的知识技能传播给其他用户并收取一定的费用，同时达到共享的效果。

实际上，学校里老师给学生上课就是一种知识的共享，只是这往往是建立在政府管理背景下的一种知识传授体系，和经济概念有一定距离。在网络上订购课程的项目与经济有关，却还远不是共享经济，因为这种知识的传播拥有很强的单向性，由老师传播到学生，而不能反向，完全不是共享的概念，共享经济中的共享应该是共享平台上每一个人都作为输出者，而不仅仅是接收者。

什么是共享经济？对于这个问题，引用百度百科的定义如下：

共享经济，一般是指以获得一定报酬为主要目的，基于陌生人且存在物品使用权暂时转移的一种新的经济模式。其本质是整合线下的闲散物品、劳动力、教育医疗资源。

共享经济用一句话来概括就是：将社会上某种私人闲置资源转让给需要的人使用。说到底，就是资源的合理配置。按照这个逻辑，共享经济存在两个特征：资源是私有的；资源让渡行为是短期的。

（二）共享经济的特点

共享经济基本由三部分组成：人、第三方平台和闲置物品。共享经济主要具有以下 3 个特点：

1. 服务本地化和定制化，人人共享

接受共享经济的通常都是年轻人，共享经济无时无刻不透露着一股年轻时尚的气息，而年轻人有这样几个特点：马上拥有，马上使用，用多少就付多少钱；他们认为，共享经济不求拥有，只求使用。其实，共享经济是一种体验经济，用户有需求时能够被立刻满足；在分享者与被分享者之间不存在第三方影响力，不存在甲方乙方，每个人都是合作的关系，都是利益共同者。

共享经济平台不仅为他人创造了价值，更重新定义了人与人之间的社交和联结。过去，我们的社交行为都是在熟人之间，是点对点的社交行为。共享经济时代，我们以共享物品为媒介和陌生人建立联系，实现了网状点对点的社交行为，同时平台的价值会随着分享者的加入和分享的物品增多呈指数级增长。

2. 提供规模和资源，用技术和规则去维护

共享平台是轻资产大公司，前端小，后台大，公司必须整合产业链并将其一体化。想要完成大规模的用户与用户之间的联结，必须依靠网络平台。共享平台不仅联结着供需两端，还让消费者通过合理的价格满足了自己的需求，供应者从闲置物品中获得了额外收益，调节供需平衡。平台会对交易者进行调查，发挥调配功能，降低个体之间的交易成本，让用户都能轻易使用。如果信任成本很高，共享平台就会利用技术和规则去确保交易正常开始和结束。

3. 激活存量，发挥剩余价值

在共享经济下，任何东西都可以拿来共享。例如，汽车、房屋、技能，甚至是时间和知识。但是，共享物品的价值决定着共享意愿的大小和共享需求意愿的大小，只有具有稀缺性和易用性的物品共享才会带来价值，如汽车和汽车。如果该物品没有稀缺性，那么带来的结果就是，人人都拥有物品以至于不需要共享。

共享经济的到来，激活了闲置物品的存量，提升了资源的利用率，促进了经济发展。如果说互联网解决了效率问题，那么共享经济就实现了对闲置资源剩余价值的再利用，让产能过剩的行业有了释放的渠道，每个人既是消费者又是生产者。

（三）共享经济的分类

共享经济的分类，如表 7-1 所示。

表7-1 共享经济的分类

种类	说明
共享金融	金融与互联网模式相互渗透，促使金融的共享经济需求诞生，主要有P2P网贷模式与众筹模式。金融共享经济通过互联网快速高效搜寻和撮合资金的供需方，加快资金的周转速度，最大限度地发挥了资金的使用价值，让更多人享受到了金融服务
共享物品	随着互联网的发展，共享物品的商业模式呈现出物品共享、书籍共享、服装共享等多元化形态。这种模式降低了供给和需求双方的成本，提升了资源对接和配置的效率。这不仅体现在金钱成本上，还体现在时间成本上
共享美食	Open Table创立于1998年，是一家上市公司。消费者可以通过他们的应用查看附近餐厅、菜谱和评价，并预订座位；同时，Open Table通过向餐厅收取一定费用来实现收入
共享出行	交通出行是共享经济目前影响最广、争议最多、最彻底贯彻共享经济精神的领域，主要有共享租车、共享驾乘、共享自行车、共享停车位四种类型
共享空间	空间是无处不在的资源，但它有着明确属性特征，主要包括：共享住宿空间、共享宠物空间及共享办公场所空间三种产品形态
共享知识教育	个人可能是一个领域的专家，让专家将自己的经验和知识与他人在线上线下进行一对一的分享，可以达到更好的效果
共享任务服务	帮助别人完成任务或提供各种服务。人们在网站上发布工作内容，让别人领取，完成任务后获得相应的报酬
共享医疗健康	远在万里之外的大洋彼岸，纽约市的患者可以享受众多医生通过预约平台提供的按需服务

第二节 共享经济存在的问题

目前，共享经济一共存在如下几个问题：

问题1：伪需求披着“共享”外衣

近两年，共享单车发展火爆。其实，拿出来共享的并不是自家闲置的单车，而是产能过剩、缺乏销量的产品，将应该共享的 C2C 模式转化成了 B2C 模式，即平台成为产品的供应商，将自家产品租给了个人。紧随其后的共享充电宝、共享雨伞等新的共享经济，追随了共享单车的逻辑，做起了表面共享、实则租赁的生意。

共享经济的本质是整合线下的闲散物品或服务者，让他们以较低的价格提供产品或服务。在模式上，目前很多项目打着“共享 ××”的旗号，本质上还是分时租赁的商业模式。因为从商业模式上看，共享经济的体量比租赁经济更大。

通常，共享的项目单价都比较高，但频次不一定高，如家具、珠宝、衣服等就适合拿来做共享。不管套用“共享”，还是其他概念，首先都要明确自己的财务模型。不是因为什么火就做什么，而是根据自己的优势，做出深度的思考和独立判断。

问题 2：野蛮增长，增添社会管理成本

最近，某些“共享单车”“共享雨伞”“共享充电宝”等品牌，出现了“运营跟不上推广速度”的现象，例如，单车乱停乱放、充电宝基本是摆设、共享电动车巨额停车费等。主要是因为共享经济依然是一种新事物，部门监管滞后，部分使用者素质有待提高、国家法律法规不够完善、缺失准入门槛和准入机制等问题。

迄今为止，大家对于共享经济的理解还只是实证分析和现象观察，缺少系统科学的理论研究。例如，共享经济发展的社会财富效应、对社会就业总量和结构的影响、相关顶层制度设计等，既没有系统的理论指导，也缺乏有效的数据支撑。从企业内部看，需要加强运营能力和资源投入；从外部来讲，需要加强对新经济、新模式的监管和引导。同时，国民素质的提高以及市场教育也需要一定的时间。

问题 3：商业模式仅看上去很美

从财务指标来说，当前各大共享平台盈利性仍有待确认，无论是滴滴，还是摩拜单车等，目前都还未实现盈利。为了快速获客，国内互联网公司展开了补贴大战，从滴滴、快的，到哈啰出行、美团单车。但是，用补贴换来的流量对平台的依存度较低，还是典型的规模经济，因此用补贴进而用规模锁定收益的逻辑，是站不住脚的，通过平台补贴很难锁定收益，阶段性的替代收益也不明确。

问题 4：信用体系不健全，安全隐患较明显

由于平台不规范、用户素质不高，引发了许许多多人身安全等不良事件，比如，滴滴空姐乘坐顺风车遇害、共享单车被恶意损坏、夫妻合伙直播性侵等，事件提示我们：现有的共享经济模式平台信用体系还不健全。双方互不认识，历史信用是最好的参考依据，运用现有的中心化数据库，很难鉴别用户的信用，素质不高的人也会参与到交易中。

问题 5：平台建设不规范，用户信息易泄露

用户在各个共享平台上填写个人信息，这些信息都能被很好地保密吗？曾几何时，某些共享平台肆无忌惮地非法使用消费者的个人隐私信息。以共享单车为例，据不完全统计，目前全国共享单车注册用户数超 1 亿，共享单车每增加一次网上注册和网络接入，都会增加个人信息泄露的风险和安全隐患。

问题 6：资源配置效率低，浪费问题严重

现实生活中，有些地方的共享资源供不应求，而有些地方的资源却根本没人使用。平台前期资源投入成本过高，资源无法充分优化配置，导致共享资源出现了较大的闲置，资源浪费过度，很多小企业还未盈利就走向了破产。

第三节　“区块链+”共享经济领域

（一）“区块链 +”共享经济的可行性

根据对共享经济概念的理解，再结合区块链技术的特点——去中心化、点对点网络、时间戳、不可篡改、共识机制、智能合约，可以发现，共享经济和区块链技术可谓是天作之合，在本质上有着共通的属性。

区块链和共享经济的共通早已被人所发现，加拿大知名商业区块链研究者 Don Tapscott、Alex Tapscott 和区块链专家 Dino Mark 已经在尝试引入区块链建立真正点对点的共享经济模型。以下将从本质属性论述两者结合的可行性。

1. 智能合约提供解决方案

基于区块链技术的智能合约系统兼具自动执行和可信任性的双重优点，使其可以帮助实现共享经济中的诸如产品预约、违约赔付等涉及网上信任的商业情景，使共享经济更加完善可靠。可以预见，随着区块链技术水平的提高，智能合约将成为未来共享经济在具体应用场景的标准化解决方案。

2. 点对点的契合

区块链和共享经济本质上都是一个 P2P 的平台，区块链的最大特点就是每个节点的独立性，节点与节点之间的交互是单独进行的，无须第三方充当信息的传达者。这和共享经济的本质十分契合，真正的共享经济就是共享平台上用户之间的对接，有了中介方在其中提供服务的共享经济还不是彻底的共享经济。

3. 实时匹配供需

基于 P2P 网络的特点，区块链技术能够将传统互联网交易中的“中介系统”彻底摒弃，让供给和需求双方直接对接，实现供应和需求的最优匹配。由于在共享经济场景中共享产品和用户双方将会发生频繁的匹配过程，区块链技术是实现共享经济的一种理想的解决方案。

4. 数据公开，有信用保障

区块链本身就是一个分布式数据库，记录在链上的所有数据和信息都是公开透明的，任何节点都可以通过互联网在区块链平台进行查询。任何第三方机构无法将记录在区块链上的已有信息进行修改或撤销，从而便于公众监督和审计。

（二）“区块链 +”共享经济的场景

场景 1：生活场景

按照日常生活来划分，基本上涵盖了衣、食、住、行、生活服务等方面，如表 7–2 所示。

表7–2　“区块链+”生活场景的表现

生活场景	说明
住宿	用户闲置的空间可以让别人暂住，而用户外出时也可以暂住在其他人的房间。这一项目目前最大的问题是，多数流程都在线下，线下数据上链非常困难，如何保证链上链下实时结合是目前最需要解决的问题。只有将链上链下结合起来，才能保证一系列事情的执行，包括投诉、理赔等智能合约的执行
出行	在区块链体系下，有可能成为真正的共享经济，对于共享单车来说，可以让用户成为车主，对车有所有权；将他的车投放到整个社会网络中，其他用户骑他的车，他就会收到钱，且可以通过Token的形式为在网络中做出贡献的人给予奖励，使整个生态有效地发展

续表

生活场景	说明
餐饮	国内O2O平台较多，主要以共享厨师为主要模式，厨师提供上门服务，顾客按需付费。但这种模式跟大部分的O2O模式一样，效率低，价格贵，且双方有着明显的输出和接受的区分
服饰	目前主流的一些租衣平台，并不是共享经济，都是平台运营自己的东西，且衣服这类产品并不适合共享经济

场景2：商务类

商务类涉及场地出租、用品、劳动力等方面。目前，场地出租主要还是中心化的机构在运营，例如众创空间，运营者给小公司提供办公场地。但是一家公司本身有办公室或闲置空间，就可以作为共享经济项目。例如：

A公司在某大楼有一层办公空间，平时很多会议室都是空的，就可以把会议室的使用情况放在链上，如果B公司正好在附近，且想要找地方开会，就可以在链上进行预约。用品类的与场地很相似，例如，某公司有很多挖掘机，但项目较少，完全可以把挖掘机的信息挂在网上，如果其他公司有需求，就可以过来租赁。可是，这种纯线下的东西有很大的地域性要求，如果距离太远，可行性就会降低。

场景3：知识分享类

知识分享类的场景，经济性会比较低，如百度经验、知乎等，就是掌握丰富知识的人去回答问题，别人能从他们的回答中获得收益。但是知识提供者从中获得的利益非常少，自然没有动力去维护生态发展。这种项目适合使用区块链，因为知识变成数据化的东西上链，可以设计不错的激励体系，促进生态发展，例如，回答问题，获得赞越多，收到的Token也就越多，会促使大家更好地解答问题，从而保证知识的高质量。

（三）“区块链 +”共享经济的优势

基于区块链和共享经济在本质上的共通，用区块链技术为共享经济项目服务，主要有以下几个优势：

1. 公开透明保证资源合格

共享资源能否与输出者所描述的一样，能够达到付出费用的资源接收者满意的程度，是共享平台的关键问题，而区块链技术正可以使该问题得到解决。在链上进行资源的共享，信息是公开透明的。

如果是物品，每次物品的转移都会有历史记录，每个用户都可以追溯即将获取的物品的使用历史记录，再对每次交易建立起评价体系，如此，用户就能获取物品历次评价，结合物品使用记录和物品评价两类信息，用户可以在最短的时间内快速判断物品是否满足期望。对于经验知识的共享也是同样的道理。

另外，因为每次交易信息都会在链上进行全网广播，信息是公开透明的，所以一旦资源输出者恶意输出不合格的资源，就会广播到全网所有节点，如此链上所有用户都成了资源的监督者。因此，区块链公开透明的性质保证了共享平台资源的合格，保证了资源的合格，也就解决了交易双方的信任问题。

2. 去中心化，降低成本

区块链是去中心化的平台，用区块链技术搭建的共享平台既没有中心节点，也没有中介机构，链上的每个节点都不是中心，节点具有平等性。没有中心机构聚合信息和提供服务，也就少了中介服务费。在区块链共享平台上，所有用户都可以对自己决定共享的资源自主定价并进行广播，链上其他用户看到以后，就能根据其提供的资源和价格决定是否获取资源。P2P 模式不仅能大大降低成本，还能激励资源提供者。

3. 智能合约促成平台自治

共享平台能为用户创造一个用户之间自由交互的自治环境，但建立基于一定的规则，而区块链技术正好为这种自治性提供支持——智能合约。建立共享平台后，需要制定相应的智能合约，维持平台的正常运行。智能合约使用户在固定的规则下进行交易操作，当出现不合规行为，也会受到相应处理。智能合约就是共享平台的法则，有了智能合约的支撑，链上用户就能直接交互，达到平台的自治。

4. 时间戳解决纠纷

区块链上的每一次交易操作都会有对应的时间戳，对于知识经验类的共享，时间戳能证明共享的行为是否真正发生；对于物品使用权的共享，时间戳能证明物品在某段时间内存在于哪位用户手中。打上时间戳的印记，一旦物品被损坏，就可以很好地找到责任用户，解决由于物品损坏而引起的纠纷。

（四）“区块链 +”共享经济的阻碍和限制

区块链技术是新兴技术，虽然政府也在推行，业内也在探索，但实际上区块链技术依然有很多需要改进的地方。各种各样的物品都可以共享，经验知识也可以共享，而共享的主体面向所有人，因此必须维持共享平台的稳定和持续。从目前区块链技术和共享经济的特点来看，“区块链 +”共享经济依然有一些阻碍和限制。

1. 平台自治风险

在区块链技术支撑下的共享平台要想达到自治性，最重要的是智能合约的执行，而智能合约的特点就是一旦生成就不能修改。每类共享的资源都有其特殊性，物品和知识经验都不同，在共享平台上用智能合约的形式来保证资源输出者和资源接收者对每次交易都满意是非常重要的。智能合约必须考虑资源共享过程中可能会发生的任何问题，比如，书籍共享平台需要考虑书籍的新旧程度、用户恶意传播非法书籍等，然后将流程及不合规行为的处理方法用代码的形式写在区块链中，避免或减少共享平台发生纠纷。

智能合约本质上能促进共享平台高效运行，但其高效性也建立在严密的逻辑之上。智能合约的缺陷会给平台自治带来不可预知的风险，必须慎重考虑这类风险的减小或转移问题，否则可能摧毁平台。

2. 共享资源的确定

“区块链 +”共享经济，本质上是用区块链技术为共享经济提供服务。不是说有了区块链技术就能解决所有问题，要想区块链更好地为共享经济服务，首先要明确共享的资源是否真正可以共享。

物品类共享，通常具有以下一些特点：

（1）持有成本高。共享的物品有较高的持有成本，否则不需要共享，用户直接购买即可。

（2）使用成本低。一旦拥有物品，使用物品不需要花费多大成本，这是对用户付费获取物品使用的激励。

（3）具备标准化。共享的物品应可以标准化生产，在市面上比较容易获得。物品具备特殊性，仅为少数人所有，只能在这少数人之间共享。

3. 地域限制

既然共享平台是用户和用户之间的对接，对于经验知识类或虚拟商品的共享，也可以在链上直接完成。但是，对于物品使用权的共享，则需要用户拿到实际物品。那么，物品如何从输出者到达接收者手中呢？多半要受到地域的限制。当然在快递业务发达的当下，物品的转移不成问题。对于低成本的共享费用来说，加上快递的费用，又会使共享变得不现实。因此，要想真正实现物品类共享，需要非常认真地考虑地域限制问题。

4. 技术问题

目前 P2P 网络的计算能力还有待提高，在点对点之间提供服务，需要进行搜索。而 P2P 网络中搜索始终是个有待解决的问题，对于这个问题，要么提供一点的中心化，要么提供高算力。这个方面，提供一些可查询的中心节点，把信息都寄存在某几台服务器上，可能是比较可行的方法。

5. 相关法律规定

基于区块链技术的共享平台，需要搭建有区块链技术背景的组织，平台才能实现自治。法律对共享平台搭建者的法律地位和责任界定是否足够清晰，在平台运行过程中出现难以解决的纠纷问题时相关的法律责任如何落定等，这些问题都需要在平台搭建初期考虑清楚。

第四节　区块链是激活共享经济的工具

区块链 3.0 时代是继数字货币、智能合约之后的区块链技术全面应用阶段，为实体经济赋予了新的发展方向。在这一时代，区块链的应用场景非常广泛，可以深入应用到社会管理、文化娱乐、金融服务、医疗健康、IP 版权、教育、物联网、通信等各个领域。

举例如下：

广州相信科技有限公司（以下简称“相信”）创立于 2019 年 8 月，是一家专业从事即时通信服务的科技企业，旗下主要运营“相信 APP”（类似于微信与抖音的结合体）。该公司充分利用云计算、AI 人工智能、区块链加密等技术为用户提供以下三大服务：即时通信服务、专业知识变现以及直播平台服务。

1. 即使通信服务

“相信”是一种付费的即时通信社交软件，用户在使用前，必须注册并购买充值码。使用即时通信功能的用户可以自主设定费用标准，即拥有时间定价权。依托云计算技术，用户每次通信消耗的费用会被“相信”记录成为积分（即P点）。通过P点可以换取更多的增值服务，如权益点红包的竞拍、兑换住房码、洗车码等服务。

2. 专业知识变现

“相信”凭借非常强大的大数据分析技术及云技术，专业知识变现，专注于为各行各业具备专项特长，为用户提供了通过专业特长、知识及能力实现变现的渠道。使用专业知识变现功能的用户，可以为其提供的专业服务自主设定收费标准，接受用户打赏，从而实现自我价值收益。

3. 直播平台服务

借助用户优势及AI人工智能分析技术，“相信”能够为用户提供非常流畅便捷的直播互动体验，直播中嵌入三维立体技术使用户深入开发直播带货等周边功能。

“相信”的优势不仅仅局限于为用户创造有价值的沟通，掌控时间定价权，更在于其全民共建、共治、共享的创新商业模式。简言之，用户可以参与“相信”的价值分配。通俗理解就是，“相信”赚钱与用户有关系，“相信”价值越大，用户获得分配的利益越多。

“相信”的商业模式中包含三类主体：①合伙人，指“相信”的注册用户；②代理人，指充值商的业务人员；③充值商，指拥有零售和批发充值码权限的企业。充值商是“相信”为了推广用户而设立的商业单位，

“相信”与充值商之间系合作关系；代理人是充值商的业务人员，与充值商之间系委托代理关系；合伙人是用户，不参与充值码的销售，合伙人可通过任何充值商或直接在“相信”购买充值码，进而使用“相信”，也可以为“相信”推广更多的用户（合伙人）。合伙人与充值商之间、代理人和充值商之间不存在上下级关系，彼此之间也没有绑定关系和必然的利益关系。“相信”以其创新的商业模式及运营模式切入市场，满足用户需求，具有先天优势和综合实力。

2020年，“相信”App启动营业厅365工程、（全国开设300+营业厅、每个营业厅服务60位充值商，每位充值商服务50位合伙人）、发展10万充值商、落地100万辆共享车，自助咖啡机、自助洗车、无感加油、一线明星会聚等，预示“相信”将会遍地开花，都将成为撬动“相信”实现全球1000万合伙人大战略的支点。未来，“相信”可能跨越国界，打通酒店、电商、餐饮、零售等更多应用场景。

区块链是共享经济的启动器和激活器，只要具备一定规模，就能参与经济共享。如同在没有大量的人口出现时，房地产行业也不会很火爆。通过区块链技术进行共享，企业就能将用户手中闲散的资源充分利用起来，不用投入大量资金购买资源，这样就轻松解决了企业在共享经济中资源原始积累的问题。

（一）没有区块链，共享经济不彻底

不可否认，目前的共享类项目确实体现了诸如资源共享利用、分享者获得价值等共享观点。但实际情况是，目前共享经济的商业模式，在某种程度上，还无法彻底共享，需要通过中心化聚合资源，然后再统一分配出去，是典型的聚合经济。

目前的共享经济无法共享，或者说共享的不彻底，所以加拿大知名商业区块链研究者Don Tapscott（唐·泰普斯科特）、Alex Tapscott和区块链专家Dino Mark尝试引入区块链，真正建立起点对点的共享经济模型。

作为硅谷的宠儿，Airbnb的市值已达250亿美元，其模式很简单：专门将空闲的房间聚合起来，然后将资源转卖出去。Uber同样如此，是把闲置、想做专职司机的车聚合起来，统一标价出售。

Don和Alex在畅销书《区块链革命》中设想了BAirbnd和SUber两款产品。在BAirbnd中，不存在中心化的商家，如果租客想租一个房间，BAirbnd软件就会在区块链上搜集所有房源，并将符合要求的房源过滤后显示出来。代替客户评分的方式，就是基于所有的交易记录会被分布式存储，好评会提高房源供给者的声誉，并塑造他们不可改变的区块链身份，所有人都可以阅读这些信息。

同样，在SUber中，网约车也不再是挣取高额提成的平台公司，用户与车辆提供者通过加密方式进行点对点的联系；同时，基于区块链记录的不可篡改性，参与者会累积值得信任的声誉度，平台将拥有自发的消费者粘性，而不用靠砸钱抢用户。

不论是BAirbnd还是SUber，消费者在使用时、资源出让者在交易时，用户体验基本上都和Airbnd和Uber差不多。虽然受限于技术条件，目前二者都处在理论设想之中，但毫无疑问的是，与区块链的共享经济捆绑在一起，很可能把“颠覆者”颠覆掉。

（二）区块链支撑共享经济的共生

新共享经济模式，必然会颠覆意义上关于共享经济的认知，但又可能真正回到共享经济的本质上。

共享经济的高阶形态，必须是共生生态，价值链一定会被摒弃，同时还要建立名副其实的生态系统。在共生生态下，每一个共享资源端都是一个独立成长的节点，而非供中心汲取收益的利润末端。例如，通过区块链技术，让人与人、店与店、人与店互联，实现线上线下的结合。每个加盟店都是独立的，商业、旅游、购物、生活、公益等要素都可以在末端节点黏合起来，加盟店面相互共享各类资源。

例如，在网约车市场，Uber 的车主只能被指派去干“运输乘客”的事；而 SUber 的车主，因为区块链技术，没有了中心平台的制约，就能够在独立节点上自由地发展诸如短租车、仪仗车队、短距离货物运输等与车相关的业务。也就是说，共享者不再是传统共享经济模式下被动地参与，而是通过区块链技术实现了分布式自主，每个人都是中心的共生生态。这种生态体系，可以实现内循环、自驱动发展，不用再依赖一个“商业模式领袖”来带领所有人前进。

（三）共生生态释放了共享经济的潜力

依靠区块链变成共生生态后的共享经济，实际上是由被限定的单领域走向了自由扩展的多领域，实现了深度共享，带来了不同寻常的商业意义和社会意义。

1.“海绵共享”的自组织共享

在很多时候，垂直并不一定是共享者有意为之，而是受到了中心化平台的裹挟。生活中某个功能和需求被提取出来，进行共享，就会形成垂直化，例如，Uber 专注出行、Airbnb 专注住宿，被市场上的参与者牵着鼻子走。可是一旦共享者自主决定如何共享，共享的领域就会变得非常广泛，吸纳了各种模式和内容，共享就能变成没有中心组织的“海绵共享”，通过一个区块链软件非常简单地链接起来，极大地提升了共享的丰富度和参与性。例如，线下加盟商店，可以自主拓展各种社区商品、服务甚至公益活动，其他门店都可参与。

2. 有了唯一可信的保障方式

区块链技术存在的目的就是用更低的成本来解决信任问题，发展火爆的比特币本质就是一种金融领域去中介信任的初代产物，而区块链技术的应用空间可以更加广阔。区块链的介入，通过加密的、点对点等形式，就能用智能设备监测生产线、仓库库存、配送、质量和其他需要监测的事项；采集信息形成区块链节点信息，与消费者的订单节点信息唯一对应，就能解决暗箱操作和信任等问题。

3. 新模式倒逼市场营销思维转变

在消费升级过程中，消费者的需求已经无法满足消费本身。与共享经济结合在一起，消费就成了自我价值创造，强调自身的参与感，将是未来消费发展的方向。所以，针对不特定的人群，提倡信任价值，构建网络社区，让会员创造共同价值，才是未来市场营销体系的发展方向。

“区块链 +”共享经济的名利双收的模式，不仅远景可持续，还有巨大的眼前价值，必然会成为将来企业进入社会、打开商业版图、行销产品的最可行的思维方式。

第五节　区块链可以解决共享经济中引发的混乱

技术催生了共享经济，这种经济的特点是短期合同和自由职业，而不是永久的全职工作。近年来，随着技术的迅猛发展，专业人士比以往任何时候都容易在网上或以自己的方式兜售手工艺品，并不需要在传统的办公环境中工作。

虽然自由职业的时间安排极具灵活性和流动性，但它并不是一点问题都没有，如收入不稳定，完全没福利，容易遇到骗子……之所以会出现这些问题，主要是因为没有足够的条例来保护自由职业者及其客户，没人确切地知道他们的处境如何。

目前，很少有人知道如何对自由职业者进行分类，而自由职业者也很难搞清楚他们在法律方面的立场。例如，如何在当局对他们的就业状况进行分类、如何准确地处理他们的税收。加密货币处于监管边缘，人们很容易将加密货币和自由职业者相提并论。因为对于当局来说，要想搞明白如何有效地管理和控制等问题，并不容易。但完全可以作出预测：自由职业模式越成功，当局就越希望对其加以规范。

对许多市场来说，目前的监管是一种下意识反应。这是因为当局已经意识到，对自由职业者来说，实施一定程度的控制是必要的，但他们并不真正知道这些规则需要什么。可是，随着时间的推移，当局就会掌握如何理解自由职业者的工作方式，并且制定出更加平衡的规则，为自由职业者和整个社会经济提供服务。

区块链因其分散性而越来越受欢迎。权力一旦集中，就容易被滥用。随着区块链系统的发展，对自由职业者来说，逐步减少了中间商，同时更容易找到自己的客户。区块链可以使用多种方式将共享经济推向下一层次。首先，基于区块链系统，可以成功解决客户不支付自由职业者工资的问题，以及自由职业者没有完成他们已经得到报酬的任务的问题。

区块链的设计原本就是为了支持加密货币，更是一种安全的金融交易方法，因此，确保支付完成是区块链在共享经济中最基本的功能之一。付款，以加密货币方式入账，收费很低，可以忽略不计。同时，付款也非常有保证，因为基于区块链系统上的智能合约是自动执行的，自由职业者和客户根本不需要依赖第三方付款。

区块链还能保护客户不受那些想美化自己的资质和技能的自由职业者的影响。使用区块链来验证自由职业者的既定技能，客户就无须努力弄清简历是否真实，能够获得更好的招聘结果。

第八章
区块链的应用

第一节　金融行业

在区块链的创新和应用中，金融是主要领域，当前阶段主要的区块链应用探索和实践也都是围绕金融领域展开的。目前区块链技术尚处于发展的初级阶段，但作为去中心化记账平台的核心技术，区块链依然在金融领域拥有非常广泛的应用前景。

（一）区块链技术“对症”金融行业痛点

区块链技术集成了分布式记账、不可窜改、内置合约等多项基础技术，构建了以更低成本建立信任的机制。分布式记账可以通过数据算法、密码学机制来保证数据的一致性和延续性，通过工作量证明和最长链机制实现数据的不可窜改，智能合约程序则将实现合约的电子化嵌入和自动执行，从而提升系统效率并降低风险。

在诸如资产证券化、保险、供应链金融、大宗商品交易、资产托管等很多金融场景中，由于参与主体众多、信用评估代价高昂、中介机构结算效率低等原因，传统的金融服务手段难以有效解决行业长期存在的诸如信息不对称、流程繁复冗余、信息验证成本高等痛点。

区块链技术的优势可以有效解决金融场景中存在的痛点。所有市场参与人均可无差别获取市场中所有交易信息和资产归属记录，有效解决了信息不对称问题；智能合约嵌入减少了支付结算环节的出错率，简化了流程并提高效率；同时各参与方之间透明的信息和全新的信任机制无须再耗费人力、物力、财力去进行信息确认，这就大大降低了各机构之间的信任成本，进而降低了金融服务价格。金融的本质是风险控制，风险控制的基础是有效数据。区块链技术特有的数据确权溯源、普适性的底层数据结构、合约自动执行等特性，为金融领域的深刻变革孕育了非常强大的发展潜力。

同时，区块链技术按照中心化程度的不同，分为公有链、私有链和联盟链，公有链中任何人都可以参与数据的维护和读取、完全去中心化、不再受任何机构控制；私有链仅对个人或实体开放，参与的节点只有自己，数据的访问和使用有严格的权限管理；而联盟链各参与节点是事先选择好的，对特定的组织或团体开放。相较于公有链和私有链，联盟链交易速度快、交易成本低且能够保证数据有一定隐私，是区块链技术在金融领域落地应用的一个切入点。

（二）区块链在金融领域的典型应用

在金融领域，区块链技术已经在清算结算、跨境支付、票据与供应链、供应链金融等细分领域从理论探索走向实践应用。下面，我们列举几个典型的应用场景，如表 8–1 所示。

表8–1　区块链在金融领域的应用

典型应用	说明
“区块链＋”清算、结算	区块链上的数据是分布式的，各节点都能获得交易信息，一旦发现变更，就能通知全网，防止窜改。更重要的是，在共识算法的作用下，交易过程和清算过程是实时同步的，上家发起的记账，必须获得下家的数据认可，才能完成交易。最后，交易过程完成了价值的转移，也完成了资金清算，提高了资金结算和清算效率，大大降低了成本
“区块链＋”跨境支付	目前，在跨境支付结算阶段，每笔汇款所需的中间环节不仅费时，还需要支付大量的手续费，成本高，效率低。通过区块链平台，不仅可以绕过中转银行，减少中转费用，还能提高跨境汇款的安全性，加快结算与清算速度，提高资金利用率。未来，银行与银行之间不用第三方，只要通过区块链技术打造点对点的支付方式，就能实现全天候支付，实时到账，提现简便，且没有隐形成本，满足跨境电商对支付清算服务的及时性和便捷性需求

续表

典型应用	说明
“区块链+”数字票据	区块链技术不可篡改的时间戳和全网公开的特性，非常有效的防范传统票据市场“一票多卖”“打款背书不同步”等问题，降低系统中心化带来的运营和操作风险。在数据上，有效保证链上数据的真实性和完整性；在治理上，通过共同的算法，解决信任问题；在操作流程上，不仅反映了票据的完整周期，从发行到兑付的各环节可视化，可以确保票据的真实性；在风控上，监管机构可以作为独立节点，参与数据发行和流通的监控，实现链上审计，提高监管效率，降低监管成本
“区块链+”供应链金融	在供应链金融上，区块链将分类账上的货物转移登记为交易，确定了与生产链管理相关的各参与方以及产品的产地、日期、价格、质量和其他信息。任何一方都不会拥有分类账的所有权，也不可能为谋取私利而操控数据。 同时，通过区块链，供应链金融业务能大幅减少人工的介入，将目前通过纸质作业的程序数字化。所有参与方都能使用一个去中心化的账本分享文件，并在预定时间自动支付，极大地提高效率，减少人工交易的失误
“区块链+”征信	传统的征信市场面临信息孤岛的障碍，如何共享数据充分发掘数据蕴藏的价值，是传统技术架构难以解决的问题。区块链技术为征信提供了全新的思路。首先，提高征信的公信力，全网征信信息无法被窜改；其次，明显降低征信成本，提供多维度的精准大数据；最后，区块链技术有可能打破数据孤岛的问题，数据主体通过交易机制，通过区块链交换数据信息
“区块链+”用户身份	在用户身份识别领域，不同金融机构间的用户数据很难实现高效交互，重复认证成本较高，用户身份容易被中介机构泄露。 借助区块链技术，就能对数字化身份信息进行安全、可靠的管理，提高客户识别率。程序化地记录、储存、传递、核实和分析数据，可以省去大量的人力成本和中介成本，提高准确性和安全性，记录的信用信息更加完整

第二节　医疗行业

随着人口老龄化、城镇化，人们的就诊能力和就诊意愿大幅提升，对医疗的需求明显增大，但是医疗的人均供给资源很有限，医疗资源的有效配置和充分利用就显得特别关键。区块链能解决研发、定价、销售，以及患者就诊、保险等问题，帮助实现数据共享、透明可信、防伪溯源等功能。

举例如下：

2019 年 3 月 27 日，武汉市中心医院联合阿里健康、支付宝共同打造了全国首家“互联网 + 支付宝全流程就医服务”未来医院。在支付宝上绑定信息，武汉市民就能在该院实现无卡就医，享受高效便捷的就医服务。

按照传统就医流程，患者到医院挂号、排队、做检查，完成整个就医流程平均需要 1~3 小时，使用支付宝“就诊助手”可以缩短 1/3 的就医时间，将患者的就医时间控制在 1.5~2 小时。

患者只需要在支付宝搜索关键词“就诊助手”，就能打开小程序。在“已开通医院列表”中选择武汉市中心医院，补充个人信息，绑定社保卡、电子健康卡，就能实现包括预约挂号、院内导航、门诊缴费、报告查询等在内的功能，覆盖患者就医的全流程。

“未来医院”还为患者提供了远程视频复诊服务。高血压、糖尿病等慢性病患者足不出户，就能与医生通过远程视频复诊，医生开好处方后，由专业配送人员免费送药上门。视频复诊，不仅方便了患者，还大大提高了医生的接诊效率，与此同时也减轻了门诊拥挤。无论是不是武汉市户籍，只要在武汉市中心医院看过病的患者，都可以在线复诊。

目前，武汉市中心医院远程问诊已经率先在内科、外科、妇产科、中医科 4 个诊室上线，覆盖了多数慢性病，由全科医生专职为患者服务，最大限度地满足患者复诊需求。

“未来医院”与传统就诊方式相比，究竟有哪些质的改变？

首先，实现了从“人找信息”到“信息找人”的转变，患者不用再携带病历、医保卡和银行卡等，只需一部手机就可以完成就医全流程。

其次，通过对现有技术手段的整合，实现了刷脸就医、信用支付、医保结算等全流程服务，患者就诊就像到便利店买东西一样，绑定医保卡后只需支付自费部分的费用。

最后，打通了视频问诊、电子处方和物流配送环节，使远程视频复诊得以实现，药品通过物流公司送达患者手中。

随着区块链技术的普及和发展，医疗领域的革新显而易见，医保支付改革、医疗机构、制药厂、保险公司、社区、设备厂家、慢病管理机构、个人都可以从中获利，医疗健康的数据更安全、快捷地进行全网信息共享，更好地助力智慧医疗的发展。

当前，医疗领域通过中心端管理平台实现跨机构信息共享，存在很多问题，例如，信息孤岛，个人健康信息不连续；数据互通支配权在管理端，面临隐私、安全以及完整性问题；监管面临数据质量差、时效差等各方面挑战。利用区块链的全流程可追溯、防篡改、隐私保护等特性，就能保证个人健康数据安全、可信、共享及流转，赋能医疗产业，保卫民众健康。

（一）区块链为医疗领域赋能

区块链健康医疗服务平台，可以实现如下功能：

（1）解决卫健管理问题。利用区块链技术，可以提供健康医疗数据追踪管理、公共卫生事件实时监管预警、监管大屏等场景应用，助力卫健监管单位解决审计数据不真实、难以管理等难题，推动分级诊疗模式建设、智慧医疗建设和疾控体制建设。

（2）提供方便的服务平台。面向患者家属、医务人员在线和远程确认签字，个人健康档案查询等场景应用，为各参与方提供更加智能、更加便捷快速、更加优质的医疗服务。

（3）医疗信息可信。使用区块链技术，使得健康医疗数据不可伪造、不可窜改、真实可信，并且解决了各参与方责任难以界定、数据确权等问题。

因此，只要利用好区块链技术，就可以对医疗行业产生深远影响。

（二）区块链给医疗领域带来的革新

医疗行业在数字转型过程中，区块链技术带来的革新主要表现在以下几个方面：

1. 健康数据交换和互操作性

医疗数据交换复杂，随着数字化趋势的发展，良好的医疗数据互操作性对护理的协调非常必要。

真实的互操作性不仅是信息交换，而是两个或多个系统或实体相互信任的能力，然后使用共享责任的信息。在此基础上，健康数据互操作性的真正挑战不只存在于技术层，还存在于更基本的概念，虽然电子健康记录、电子医疗记录和数字健康解决方案的应用越来越多，但缺乏可靠的数字化工作流程。

区块链有助于提供全新的互操作性方法。区块链技术的独特属性提供了一个不可变且受信任的工作流程，具有单一的事实来源，保证了健康数据交换的绝对完整性，使网络安全威胁最小化，并增加健康数据治理的应用程序。重点是，区块链拥有共享平台的潜力，可以分散卫生数据交互，同时确保对受到保护的信息交换的访问控制，保证其真实性和完整性。另外，在现有的 HIT 系统基础上部署区块链技术，顶替现有健康数据交换工作流程中传统的受托管理员或注册管理机构所有者，能够提高管理效率。

2. 解决网络安全问题

与现有的安全系统不同，基于区块链的系统使用的是分布式网络共识算法，内置的加密技术让数字事件的记录都不可改变，同时不可能被破解。

区块链的这些特性可以提供额外的安全保护，减少对 HIT 系统、联网医疗设备和嵌入式 IT 系统的网络安全威胁。通过新的区块链技术，医疗系统、医疗设备制造商和技术公司能够在设备身份管理方面制定更加安全的策略，加快医疗物联网的应用，改善隐私安全，同时为患者生成的健康数据提供选择性访问。

3. 医疗消费主义和“量化自我”

数字健康解决方案的出现，创造了大量个性化的健康和生活方式数据，体现了医疗消费主义。“区块链”是一种点对点的数据共享网络模型的开源工具，通过预定义的用户访问规则提供身份管理功能，能够增加患者对健康数据的控制以及患者参与计划的可靠性。另外，在不可变区块链系统上永久存储加密的患者健康数据，可以提供单一、简化的患者数据视图，让消费者有选择性地分享其匿名的个人健康数据，用于研究，直接支付奖励和健康代币，鼓励健康行为和其他卫生项目。

4. 以价值为基础的医疗

随着越来越多监管障碍的出现和降低医疗成本的压力，区块链技术有希望通过取代高成本控制者，实现医疗工作流程交易服务的自动化，解锁新的经济优势。区块链的分布式分类使得创建成本效益的商业关系变得更加容易，在这种关系中，几乎所有的价值都能被跟踪和交易，不再需要一个中央控制点。区块链系统的部署提供了一种全新的可能，在医疗工作流程中推广结果导向型医疗服务和报销模式为整个行业节省几十亿美元。

5. 潜力巨大的精准医疗

如今，各制药公司面临的压力越来越大，要证明自己药品的价值。根据业界的估计，由于药物对某些基因类型的患者不起作用，不能达到预期效果或导致不确定的副作用，每年约浪费 3000 亿美元。因此，制药企业必须从重磅畅销药转向以病人为中心的药物开发模式，实现定向治疗。

精准医疗的概念标志着医疗服务领域的范式转变，其目的是针对个人健康状况，对直接（生命本身）和间接（环境 / 外源）来源的健康数据进行整合。区块链技术及其用于健康数据无缝衔接的安全基础设施，可以推动行业参与者、学术界、研究人员和患者之间展开合作，加强医学研究的创新，并实施更大规模的人口基因组研究，从而促进精准医疗的发展。

第三节　教育行业

当中本聪向世界展示第一种加密货币比特币时，区块链第一次为人所知。从那以后，区块链继续颠覆着一些历史悠久的行业，简化了陈旧的流程，提供了更高的安全性，使区块链成为教育系统中最令人兴奋的发展之一。

区块链在教育行业的应用，可以聚焦一个核心概念，就是知识资产。

区块链是数字资产的信用载体，支撑的知识资产是老师、学生、用人单位、家长等社群成员间的流通，教育区块链就是构建一个知识资产流转的信用载体。

（一）传统教育行业的痛点

随着中国经济的崛起，传统教育行业也遇到了痛点。

1. 学历造假及抄袭普遍

高等教育机构，学历造假水平日益提高，部分假学历还可以上网查询。对于求职者，企业存在学历信任危机，不仅会造成资源的浪费，还会降低劳动力和工作的匹配度。此外，传统教育行业在一定程度上存在教学教研数据“孤岛现象”，即教案、课件、科研成果和学术抄袭剽窃。

2. 师生之间互动不足

学生之间学习方法和资料的分享和流通，缺少有效的激励机制和渠道；教师薪酬基本靠工资，其他收入来源有限，教师教学动力不足；教育机构与机构之间失去了交流，没有动力进行教育资源共享与合作。

（二）用区块链构建开放式教育新体系

1. 完善教育资源存证系统

（1）利用区块链去中心化、可验证、防窜改的存储系统，将学历证书或科研成果存放在区块链数据库中，能够保证学历证书的真实性，使学历验证更加有效、安全和便捷。

（2）通过嵌入智能合约，区块链技术完成教育平台合约的生成和存证，作者可授权教育科研成果的智能化交易，构建虚拟经济教育智能交易系统。

2. 建立教育通证激励机制

首先，区块链“通证激励”机制，可以提升学习者的积极性和教学质量。

其次，学生的学习行为和教师的互动行为都会被记录在区块链上，奖励通证，增强教育参与方的动力及互动性。

最后，利用区块链技术开发去中心化教育系统，会有更多的第三方教育机构来担任专业教育服务提供商的角色，基于区块链的开源、透明、不可窜改等特性，还能保证教育过程与结果的真实可信，保障教学质量。

（三）区块链在教育行业的应用

区块链在教育行业的主要应用，如表 8–2 所示。

表8–2　区块链在教育行业的主要应用

应用	说明
智能合约	智能合约是在区块链上编码的协议，一旦达到预定标准，就会执行这些协议。当教育机构与学生、教师或其他机构签订协议时，这些智能合约就会减少文书工作，提高效率。在教育机构中，智能合约可以查询出勤率和作业完成情况
记录管理	区块链可以减少以纸张为基础的程序，最大限度地减少欺诈行为，并加强当局与服务对象之间的问责制。记录在区块链上的交易不能被窜改，记录欺诈的风险就会降低，教育机构需要保证记录的准确性
记录	为了使记录具有真正价值，必须得到普遍的承认和验证。借助区块链，所有的成绩单和期末成绩就不会被窜改。记录到区块链的文字将提供已完成的所有活动记录，为核查过程提供了必要的信誉
云存储	随着学习和教育机构开始在云中存储更多数据，区块链技术会提供一种更加安全和廉价的方式。例如，Filecoin公司为用户提供了使用多余存储空间存储他人数据的能力
学习市场	区块链的核心价值主张是，让中间人变得不再需要。也就是说，区块链会部署各种学习市场，允许用户直接上传和接收课程。从备考到学校录取，一切皆有可能
基础设施安全	为了保证学校数据，学校利用各种服务，保护网络免受黑客的攻击。目前，有些区块链的特定服务，允许学校在不受到黑客攻击的情况下跨网络共享数据
图书馆	支持区块链的服务可以通过构建元数据存档和开发，为更多基于社区程序的协议提供支持，促进更有效的数字权利管理，帮助图书馆增强其服务
校园商店	区块链能够在公共平台上联结买家和卖家，无须中间人。在校园零售商店和学生商店，可以保证支付是安全的和无窜改的

（四）区块链给教育行业带来新机遇

对于一个国家、一个民族来说，教育是成就未来的方式，其社会职能就是传递生产经验和社会生活经验，促进新生一代的成长。运用最新的区块链技术，同样可以提升它的作用。

1. 改变教育行业现状

充分利用区块链技术的留痕和不可窜改特性，从基础教育阶段为每一个孩子都建立起学习成长档案，让每一个孩子在人生的每一步都留下学习努力的足迹，等到孩子完成了基础教育阶段的课程，就可以利用教育统计系统，对孩子的成长过程进行综合评价，内容涵盖学业水平、德育水平、健康状况、特长、诚信状况、心理发育等。在链上留下这些资料，以便企业学校更好地对一个人品行和能力进行评估。

2. 完善学籍档案管理

现在很多地区的小学初中实行统一的划片儿上学制度，好学校片区的孩子会享受到更高质量的教育。这种现实不仅带来了学区房的不断创造新高，还带来了学籍窜改、户口簿窜改、学籍信息不完善等问题，为了保证教育资源的分配，规范学校管理，在上学期间孩子需要不断地填写信息。运用区块链技术不可窜改的特性，就能解决档案丢失或胡乱修改等问题。

3. 教学资源的整理

每个地区的学校的教学方法和教学教材都不一样，“人教版”“苏教版”“冀教版”……运用区块链技术，可以使教材资源上链。利用区块链技术整合的教育资源链能有效解决传统教育行业痛点，实现教育产业数字化。

区块链技术的出现，为推动教育技术化向教育智能化迈进创造了良好的机遇。当今社会，线上学习已经成为趋势，并呈现出巨大的影响力，区块链在未来必将成为推动信息化教学变革的颠覆性技术。不过，作为区块链技术仍然处于起步阶段，何时能真正应用于教育行业、效果如何，还需要时间的验证。

第四节　文娱行业

虽然互联网有民主、去中心化等属性，但话语权和利益依然掌握在平台手中。据美国科技博客网站 VentureBeat 报道，随着区块链技术的成熟，这种情况很快就会发生改变。

以前有线电视网络和电影公司是大众市场视频内容唯一的创作发行者，现在 YouTube、Twitch（实时流媒体视频平台）、微博、腾讯视频、快手等网站可以让用户上传、分享自制内容。但由于流量入口掌握在平台手中，大部分高质量娱乐内容仍然通过集中分发的模式来实现。

内容创建者必须经过平台审核，与平台进行商业交易，然后才能将内容放在服务器上，并最终被用户看到。用户属于平台，而非内容生产者。关于提供什么内容，什么时候提供，内容的价格和分销路线等仍然存在特权和分层。

未来，区块链可能从根本上打乱娱乐行业，带来了一个全新的、分散式的内容分发机制。

（一）区块链与文娱产业的碰撞会改变什么

最近几年，娱乐产业蓬勃发展，不管是传统意识形态，还是商业层面，都有了很大的提升，整个行业的发展也具有无限潜力和想象空间。区块链技术可以给娱乐行业带来哪些改变呢？

1. 方便购票

作为比特币等加密货币的基础，区块链使得数据记录和传递更加透明和可审计，更难被攻击；去中心化的特点，让双方在智能合约下就可以交易。在过去很多人都为了某场演唱会或比赛而买过门票，传统方法都是在网上或现场去买票，要耗费比较多的时间和人力。

在跨境票务方面，区块链技术起到了重要的作用。为了有效地解决这个问题，要将区块链合理利用起来。比如，如果想去澳大利亚欣赏一场钢琴曲演出，可以提前使用加密货币购买门票，减少不必要的麻烦。在支持数字货币的国家，所有的娱乐活动演出或比赛都可以用加密货币支付。

2. 帮作者改善报酬

娱乐产业现在提到比较多的是音乐、视频等多媒体，好的娱乐产业，涉及所有权和报酬的分配等问题。比如，我想在 QQ 音乐上听歌，很多歌曲都是收费的，每月只要支付 8 元开通会员就能听到。当然，也可以购买比较喜欢的歌手专辑。对于你交纳的费用，平台和创作者之间究竟怎么分配，就不得而知了。音乐是有价值的，每个创作者都付出了自己的心血，都希望自己的音乐能为自己创造财富。区块链能够有效解决这个问题。

去中心化的特点是消除了第三方中介如 QQ 音乐、优酷等，在区块链板块上，创作者只要将自己的作品放上去，任何人都可以查看，觉得合适就可以点对点交易，不用交纳中间费，作者可以摆脱中间人的束缚。

3. 让粉丝拥有自主选择权

每个人心中都有偶像，在传统娱乐产业中，大多数粉丝在线上和线下都付出了很多时间与金钱，例如，在机场接机、推广自己喜爱的偶像等，但他们的付出无法获得实质性酬劳。粉丝都是被动地接受明星的商品和服务，无法拥有选择的权利。有了区块链后，就能将粉丝对偶像的态度和意见作为无形资产转移到区块链上，并将这些态度或意见所产生的经济价值以通证的形式奖励给行业生态的参与者，这些数据将会被永久保存。随后进行确权，让粉丝参与到娱乐产业经济活动中，获得收益分配权，保障粉丝的主体权益，带动娱乐产业的发展。

（二）区块链重塑娱乐行业

区块链技术去中心化、安全可信、加密不可篡改、分布式记录存储等价值标签，在各种应用场景中大有可为。

1. 打破好莱坞的垄断地位

好莱坞是全球时尚、音乐电影产业、顶级娱乐产业汇集区，掌握着全球极具影响力的娱乐资源。在影视传媒行业，人们很早就在讨论一个问题：怎么才能打倒好莱坞？其实，打倒好莱坞就是对电影行业高度垄断的颠覆，这就是去中心化。国内，文娱产业内容和资源也集中在以 BAT 为代表的互联网巨头手中，整个行业处于传统的霸权体制，追求规模化和集中化。在区块链技术的逻辑下，这些中心介质都可以去除，信息在传递过程中具有真实、可信、可溯源、不可窜改等特性。

2. 重塑文娱产业版权价值

对于以创意为核心的影视文娱产业来说，抄袭、盗版等侵权问题是行业之殇。在数字版权认证和保护方面，区块链有着得天独厚的优势。未来可以将影视剧或音乐作品上传到区块链，根据特定算法，存储成一个数据，即使是一部两个小时的电影，经过哈希函数计算，也能变成一串数字。数据被存储在区块链后，经过验证，那么就是真实可信的，版权归属明确。如此，区块链技术就很好地解决了影视作品鉴定难的问题。

第五节 游戏行业

日常生活中，游戏发挥着重要作用，例如，压力大的人，会用它来缓解压力；益智游戏，可以锻炼脑力；敏捷游戏，可以锻炼敏捷能力；策略游戏，可以提高智力；等等。区块链加入游戏后，游戏也成了备受人们关注的话题。“区块链 + 游戏”的火爆程度超乎人们的想象，2018 年甚至可以说是区块链游戏元年。

举几个例子：

2018 年区块链沙盒游戏《Neoworld》上线，在这款游戏世界里，可以买地、买材料、建造房屋，打工、创业。通过节点合伙人的方式，用了很短的时间，同时在线用户就超过 2 万人。可是，《Neoworld》并没有花费传统游戏高额的流量费，反而在游戏中内置广告，NEO 公链、波场公链都是它的客户。

2019 年，区块链游戏《暗黑链游神》内测。这款链游以分布式节点与社区共治取代以经济利益为共识点，以游戏情怀、游戏性与社区和玩家共治，玩家对预售游戏道具达成共识，降低了游戏研发的成本风险和运营风险。

2020 年，出现了《链游领主》《智计无双》《幻境起源》《超越无限》等游戏，这些游戏更注重游戏版号合规性与链游特性的结合，积极拥抱监管。

未来经济增长的新动力源，数字经济，不管是人工智能、区块链、云计算、大数据、终端网络，都能与游戏行业相结合。未来，我们的世界会模糊虚拟和现实的边界，游戏可能会是非常好的载体。

如今，游戏行业面临三大问题：研发成本大、风险高；游戏用户获取成本大、假量严重；游戏道具贬值严重，很难再像当年装备可以普遍交易的情景。区块链的诞生，让我们看到了解决这些问题的可能性。

将游戏资产上链，经过版权局的报备申请，以及合法的预售，就能促进游戏行业的发展。当前，区块链技术已在游戏行业崭露头角，有效地降低了游戏门槛高的问题。区块链游戏要发展，势必离不开区块链技术的发展。

（一）区块链变革游戏行业

过去几年，游戏行业是众多创新的集中爆发点，虚拟现实（VR）、增强现实以及人工智能都在这里一展身手。但是，区块链的贡献力度与发展空间却是一枝独秀，可以给游戏行业带来更高的透明度与信任度。

众多事例告诉我们，区块链拥有无限的可能性，或将通过多种方式改变这一行业：

1. 消除与游戏资产相关的灰色交易市场

游戏开发人员大多喜欢将游戏设计为封闭的生态系统，希望游戏中的价值不与现实中的价值映射。例如，玩家无法通过出售游戏资产来赚钱，反而会利用游戏中的资产交易另一游戏中的资产。如此，只能导致灰色市场的出现，参与者可以聚集起来共同完成资源交易。

有了区块链技术的支持，游戏发行商可以将管理规则嵌入代币化资产，在资产转移时收取交易费。如此，用户就能真正自由地交易自己认为合适的资产，发行商也能在核心业务之外获取额外的收益。

2. 区块链能够将价值与无形资产映射起来

举个例子：

CryptoKitties 在以太坊上掀起了一波“云养猫”风潮，人们开始意识到 DLT 与游戏之间的密切关联。这款游戏允许玩家使用加密货币购买交易独一无二的虚拟小猫。目前，玩家已经在小猫身上花费数百万美元。这类游戏通过资产的代币化，证明了 DLT 的强大功能。

每种资产都能得到唯一性或稀缺性证明，保证用户对数字资产拥有明确的所有权，同时允许资产在原始生态系统之外的应用场景中进行相互操作。如此，将为用户带来更高的感知价值，增加了消费真实货币的可能性。

3. 有助于用户购买、出售及存储游戏内资产

在游戏设计当中，开发人员可以引入允许玩家使用加密货币购买资产的规则，使整个购买流程更轻松、快速且安全。同样，加密货币也可以解决微交易挑战。此外，开发人员也可以在游戏中使用专为数字资产创建的框架。相信在不久的将来，会有更多的开发商利用数字资产框架设计游戏内经济系统，共同改善资产运营流程。

4. 提高客户参与度，提高玩家带来的平均收入

游戏市场规模可观，区块链已经吸引众多投资者，二者的结合，正将游戏行业的发展推上新的高度。如今，有超过 20 亿玩家在计算机或者智能手机上游戏。游戏与电子竞技分析公司 Newzoo 估计，目前全球游戏玩家总数高达 25 亿，这意味着每 3 个人当中就有 1 个人属于游戏玩家。

（二）“区块链 + 游戏”未来的下一个风口

游戏已经成为世界上增长速度最快的行业之一，而区块链通过更加开

放与可信的环境，能够带来无数可能性，成为提升游戏行业的重要手段与支柱性因素。

1. 重塑游戏世界的信用体系

有了智能合约，就能利用区块链创建和交易数字资产。区块链系统是去中心化的，数字商品并没有存储在私人服务器上，而是直接存储在区块链上，任何人都可以看得到，信任不再是问题。

区块链可以用来编程记录链上所有有价值的东西，游戏世界内的所有充值、兑换交易、被奖赏、时长、余额等有价值的信息都会永久存留于链上，对于玩家而言，数据就是他们绑定的财富。进行交易行为时，玩家无须调查交易对象是否足够有信用。

2. 保障游戏的虚拟价值

游戏的虚拟财产存在两个问题，但是都可以利用区块链来解决。

第一个问题，游戏的虚拟财产无法“持有”。游戏公司管理数字虚拟财产的载体是自家服务器，服务器的存在对玩家产生了制约：玩家只拥有虚拟财产的使用权，而非所有权，当我们沉迷于某一款游戏时，游戏运营商突然发布公告称“由于运营不善，即将停服”，玩家就会跟着蒙受损失。区块链协议的不可破坏性使得链上的财产权明确，不会因为游戏服务器的停止运营而消失。

第二个问题，玩家的虚拟财产无法“交换”。一直困扰玩家的问题：就是在某一款游戏上花费了大量的金钱或精力，决定离开时，却不能将属于自己的虚拟财产兑换用于另一款游戏。针对“交换”的问题，区块链理论上也可以解决，但是“交换”的自由度取决于区块链适用游戏规模的大小。

第六节　传统农业

我国是农业大国，区块链和农业结合又会带来怎样的变化呢?

（一）国内农业的发展现状

（1）从食品安全的角度来看，法律约束、监管的力度都远远不够。部分企业或个人一味地追求利益最大化，引发了很多食品安全问题，民众对食品安全机制缺乏足够的信任。

（2）从资源的可持续发展情况来看，国内的农业在生产过程中产生了大量的资源和能源消耗，破坏了生态环境，直接影响生态环境的安全和民众的健康。

（3）从信息化程度来看，国内农业信息化、现代化进程还处于起步阶段，为了提升行业的智能化水平，需要引进更多的先进技术。

（4）从农业的生产经营形态来看，农业的生产经营依然比较传统、粗放，靠天吃饭的局面并没有从根本上得到改变。

（二）区块链融入农业能带来什么

区块链去中心化等特性，可以降低互联网维护成本，提升农业物联网的智能化和规模化水平。同时，基于区块链技术的农产品追溯系统，还能解决消费者对于产品的信任危机感，让人们的餐桌更健康、更安全。

1. 损害索赔更智能

农民为农作物投保，向保险公司索赔是一个痛苦、缓慢且繁重的过程。例如，当农户希望为其养殖的鸡投保农业保险时，风险评估人员需要现场查看有多少养殖资产、评估这些鸡会不会发生死亡、会带来多大的收入与损失……

区块链的进入，可以提供这样一个思路：用区块链防伪溯源，养殖多少只鸡以及近三个月死亡率是多少……这些只要通过区块链上的数据，就能知道，可以增加保险公司对农户和养殖资产的承保热情。

2. 提高人们对产品的认知

举个例子：

你到超市购买苹果，在区块链技术下，可以知道从果农的生产到流通环节的整个过程。还可以知道政府的监管信息、专业的检测数据、企业的质量检验数据等，我们日常吃到的食物、用到的商品会更安全、更放心。

对于食品零售商来说，区块链技术可以帮助验证产品是否在特定供应商制定的条件下生产。如果某种农产品没有达到标准，便捷的查询方式将使零售商更快得到信息，便于将危害降到最低。

3. 农民进入市场更容易

农民和种植者不能与广阔的市场对接，农产品就无法销售。这个问题，区块链可以解决；同时，借助区块链技术，农业生产者自己可以制定价格，为贫困地区的农民创造公平的竞争环境，争取最大的利益。

（三）区块链技术和农业的结合方向

从目前来看，区块链技术和农业的结合方向主要有两个：商品化和农业保险。

1. 商品化与区块链

生产商可以运用互联网的标识技术，将其生产出来的每一件商品信息全部记录在区块链中，在区块链上形成任何一件商品的产出轨迹。简单例子：

陈某自产了一百斤大米，在区块链上添加初始记录：陈某生产了一百斤大米。接着，他把这一百斤大米卖给了江某，于是区块链上又会加上另一条记录，江某收到了陈某的一百斤大米。之后，江某把大米卖给了城里的大超市，最终消费者在超市里购买大米时，只要在区块链上查询相关信息，就能追溯大米的生产、流通全过程，从而鉴别出真伪。

2. 农业保险与区块链

区块链技术和农业保险相结合，不仅能够减少骗保事件的发生，还能大幅简化农业保险的办理流程，提升农业保险赔付的智能化。例如，检测到自然灾害的发生，区块链就会自动启动赔付流程，不仅能提升赔付效率，还可以解决骗保的问题。

（四）区块链技术如何落地农业

区块链技术落地传统农业的关键是基于一个行业的痛点，有基础，有应用场景，并不能人为地创造新的应用场景。那么，区块链技术如何落地农业呢？

1. 找到相应的应用场景

区块链技术能否最终落地，取决于诸多复杂因素，关键的一点就是应用场景。想要找到相应的应用场景，就要从区块链自身的技术特性入手。区块链技术在不引入第三方中介机构的情况下，可以提供去中心化、不可窜改、安全可靠的特性保证。

另一方面，大多中小投资者并不具备对资产的挑选、搜索和尽调能力，且受制于地域和回报时间原因也不一定敢投资。如此，导致好的农业项目得不到融资，有投资需求的投资者却没有投资渠道。那么，如何跨越空间和时间，将资金与资本进行联结呢？这不仅是一个十分有价值的痛点，更是一个和传统农业相融合的真实应用场景。

2. 有利于问题的解决

区块链技术应用是为了解决问题，而不是制造问题。有了真实的应用场景，行业中的痛点，还不足以让区块链技术真正落地农业领域，更无法实现与传统农业相融合。因为最关键的一点，还要看应用了区块链技术后到底有没有解决问题。

运用区块链技术，再结合一些物联网设备的辅助，投资者可以在任何时间查询项目的实时和动态数据，即使足不出户，也可以异地监控农业项目的进展程度。利用区块链技术，解决过去无法解决的问题，结合真实的应用场景，区块链技术落地传统农业也就成了顺其自然的事情。

第九章
拥抱通证经济

第一节　什么是通证经济

说到通证经济，有这样一个案例：

黄花梨，学名“降香黄檀”，是珍稀树种，被列为国家二级保护植物，既是名贵药材，又可做香料，是传统家具材料之王和雕刻材料之王，在古代是帝王御用的家具材料，现今更是收藏家和贵族典藏的传家之宝，拥有巨大的商业价值，被喻为“木中黄金”。

在过去10年间，黄花梨创造了价格狂翻500倍的神话，而极品海南的黄花梨更是千金难求，多次出现天价拍卖的现象，黄花梨自然也就成了“最火的投资品”。但是，在过去，流通性问题限制了黄花梨产业的快速发展，因为黄花梨转让非常麻烦。为了避免黄花梨树被一树多卖，买卖双方都要从所在地一起飞到海南黄花梨园现场，当面确认需要交易的黄花梨树，并与树的养护公司现场作废卖方旧的合同，再和买方签订新的合同……经过这样一个流程，买卖双方都要支付极高的差旅费、食宿费、误工费以及养护公司操作手续费和时间成本费。黄花梨树的流通问题，严重影响了黄花梨的销售。

海南海黄农业科技有限公司运用区块链技术，一树一码将黄花梨树的资产产权通证化，嵌入全球数字贸易产业的联盟链里。树主进行黄花梨转让时，就能以区块链信息记录转让的各种信息，根据区块链技术的特性，所有转让公开公平，不可抵赖，不可窜改，大大降低了黄花梨转让交易的信任成本和流通成本。

黄花梨树的交易与流通，无论是买卖还是抵押，只要在手机上“P.cn”APP 中的“海南黄花梨”CAS 小程序一点就完成操作，一键完成黄花梨的产权流转，通过电子合同的方式完成对处置权和收益权的操作。黄花梨树的流通性大大增加，配合通证交易市场平台，黄花梨树通证就能随时随地进行自由交易和流通。

通证化结合传统农业，为农业的发展奠定了基础，该项目启动不到一个月，就完成了数千万营业额。此项商品通证化的整体解决方案，不但能用在黄花梨上，还可以用在所有产品和服务的通证化，服务各行各业，是全球万亿级通证经济的重要基石。

自 2018 年以来，“通证经济”这个词俨然已经成为高频出现的热词，那么究竟什么是“通证经济”呢?

“通证经济”的英文表达是“Token Economy”，一般都和“区块链”“经济系统”等词汇一起出现。“Token ”的原意是“令牌、信令”，而被人们广泛认识主要得益于以太坊及其订立的 ERC20 标准。借助这一标准，任何人都可以在以太坊上发行自定义的 Token。该 Token 代表了所有的权益和价值，最普遍的做法是将 Token 作为代币权益证明。可是，很多已经出现的 Token 却不是代币（比如加密猫），“通证”由此产生。

（一）通证的三要素

通证是一种可流通的凭证或加密数字凭证，与通证相关的三要素分别是权益、加密和流通。

（1）权益。所谓权益，是指通证需要具有固有或内在的价值，是价值的载体和形态。可能是看得见、摸得着的商品，也可能是没有实体形态的股权，甚至还可能是一种信用或权利。主要来自社会对其价值背书方信用的认可。

（2）加密。这里的加密主要是指，以区块链技术为基础的加密学加持，真实，可识别，无法被窜改。

（3）流通。通证可以在一个网络中流动，可以被使用、转让、兑换、交易等。

（二）通证的属性

概括起来，通证经济共有三个属性，如表 9–1 所示。

表9–1　通证经济的属性

属性	说明
可被识别和防窜改	通证经济可识别，可以有效防止窜改的出现。如同人民币一样，其之所以被人们广泛接受和使用，就是因为使用了高超的防伪技术。从这个意义上来说，区块链简直就是比特币的防伪技术
价值	通证是价值的载体和形态，背后可能是股权和货币，也可能是承兑汇票和物权，多种权利都有可能。通证的这种价值属性，源于社会对其价值背书方信用的认可，即社会共识
可流通	通证可以使用、转让、兑换等。对于同一凭证来说，在公司内使用和全社会流通，性质完全不同

总之，通证经济是通、证、值三者组成的统一体。

（三）通证经济的特点

通证经济主要具有如下几个特点：

（1）区块链上的通证可编程。通过编程，可以实现多链之间的中心化或去中心化兑换。因此，未来的景象不是一个个孤立的区块链网络，而是众多区块链网络相互联结在一起，组成更大的价值互联网。

（2）参与者相信，区块链账本是安全的，能够让参与者在链上的行为是可信任的，由此，参与者之间区块链上的通证处于信任特区之中，极具信任的信任。

（3）区块链上的通证可以用来表示各种有价值的事物，代表了数字时代财产的所有权。区块链从技术阶段进入商业阶段，通证主要被用于表示链外的资产。

需要特别强调的是，通证是否有价值是由链外决定的。通证价值由区块链网络之外的世界所赋予，链外财产所有权的执行，需要由实体世界的规则来保障。一个通证是否值得留存，取决于持有者是否认为它有价值及价格，也取决于持有者认为自己的所有权能否得到保护。

总的来说，区块链提供了一整套工具，不仅用通证把广义的价值凭证带入了数字空间，还便于我们在数字空间中确权、交换和交易。未来，围绕区块链技术与通证，必然会形成一个所谓的价值互联网，进入数字经济的新阶段。

（四）通证经济和传统经济的区别

相对于传统的经济模式（生产方式），通证经济是极具颠覆性的。以比特币为例，采用传统方式，如何构建一个与比特币相似的、同等规模网络?

比特币是一个全球性系统，首先要投入一笔巨资，在全球各地配置我们的服务设备，然后花费大量的时间、财力和人力，招聘高精尖的技术开发者，让他们去挖矿和维护网络。如此，不仅成本高，效率还非常低。可是，如果采用通证经济模式，世界各地的人，只要对该生态构想认可的人，都可以参与到该生态的开发建设中，即社区。这样社区的成员，就可以利用业余时间参与进来，提高建设效率。因为大家的目标都是一致的，所以为了得到通证，自然就会爆发出巨大的凝聚力。通证经济的巨大力量由此可见一斑。

当然，现实世界的通证就像硬币的正反两面。目前，市场上存在众多空气币项目，优秀的通证项目通常都与比特币有着同样的理想，例如，希望成为避险资产、希望成为一般等价物、想具备全货币的功能。通证存在的理由就是，彻底消灭“空气币”的存在。利用通证，现实企业的资产、商品、服务等就能被连接到区块链上，可以肯定的是，通证给我们带来可能和生机，通证经济势必会引发又一场全球经济风暴。

第二节　通证的分类及存在意义

通证能够代表所有的权益证明，例如，身份证、学历文凭；货币、票据；钥匙、门票、积分、卡券；股票、债券……一句话，人类社会的所有权益证明，都能用通证来代表；人类社会的全部文明，都建立在权益证明之上，所有的账目、所有权、资格、证明等，全部是权益证明。

这些权益证明的出现，让智人脱颖而出，建立了人类文明。假如将这些权益证明进行数字化和电子化，同时用密码学来保护和验证其真实性、完整性、隐私性，人类文明必将取得更大的进步。

在区块链的世界里，作为一种可流通的加密数字权益凭证，通证占据着重要的地位。在通证经济的模型里，各种权益证明，如股权、债券、积分、票据等，都可以以通证的形式放到数字世界里去流通。

（一）通证的分类

1. 通证的多层次分类

随着行业的不断发展，项目数量的增多，通证经济也催生出多层次的分类。

通证的分类方法有很多，分类逻辑各异、分类方法模糊、分类结果融合，无法成为行业通用标准。目前，市场上比较典型的数据服务提供商大多都采用标签的形式，按照发行通证项目所在的行业进行划分，如人工智能、大数据、银行业、平台、娱乐、虚拟现实等。换言之，如果某个项目既专注于

“区块链 +”娱乐，又有虚拟现实技术，就只能划分到两个类别下。

在一些交易指数中，还存在分类标准不明确的问题。区块链资产代表了不同的权益属性，业内的几家指数将通证分为：货币、平台、应用和实物资产化代币等。有些交易所从“优质公链”“潜力币种”等多角度分别选取项目，组建指数编制的样本池，缺少统一的逻辑指导，“指代性”模糊，“有效性”不确定。

当然，除了上面介绍的方法，还有很多其他分类方法，例如，从“分布式账本技术”和“通证经济设计”两个维度进行分类，但无法重复操作性；在公链、联盟链和私链等基础上进行改进，这也是当下最被人们认可的分类方法。可是，这些分类方法都忽视了市场项目种类的复杂性，无法满足市场的客观、全面等框架。

2. 通证的典型分类

通常来说，可以将通证分为这样几类：应用型通证、工作型通证、传统资产型通证、混合型通证，如表 9–2 所示。

表9–2 通证的分类

分类	说明
应用型通证	即实用型通证，多数由企业为自己提供的服务或产品募资而发行的，是目前最热门的通证类型。目前，该通证主要以项目概念的未来实用价值作为评估对象，不仅能提供一种数字化服务，更强调自己的开发平台或生态系统，其价值与平台或生态系统内参与者的活跃度成正比。数据显示，如今在市值前50的通证中，多数都是应用型的，例如，以太坊就是一种实用类的通证。其实，只要数字化服务有一定的实用价值，且由稀有且唯一的资源集支撑，通证的价值就会一直存在
工作型通证	如果人们可以持续地从去中心化的组织中获得效用，它就是工作型通证。实用该通证，持有者就有权向一个去中心化组织贡献工作，帮助组织正常运转；甚至在某些情况下，还能得到一定的回报。目前，该类通证比和应用型通证要少得多。该类通证基于提供者持有的代币数量占整体比例，给予成正比的收益机会：持有的代币占比越多，就越可能获得下一份工作，获得收益的可能性也就越大

续表

分类	说明
传统资产型通证	这类通证一般是指使用密码学方法表示的传统资产，如股权、房产等，具有显著的基本价值。随着监管的逐渐透明化，基于通证的流动性和全球性等特征，该类通证的数量很可能会暴增
混合型通证	区块链得到广泛运用后，未来既可以作为应用型通证，也可以作为工作型通证。例如，以太坊从POW转到POS，ETH便成了一种应用型通证。未来，在数字资产里必然会看到更多的混合型通证

（二）通证经济存在的意义

通证经济是未来市场最重要的工具，其重要性主要表现为：

1. 有利于实现通证计量

在通证出现在市场之前，人类对价值的表达形式只分为两种：一种是货币，另一种是记账，两种方式各有各的优点及适用范围。当年，中本聪之所以提出比特币（一种点对点的现金电子交易系统），其主要目的是创造一种超级主权货币，对价值公平、公正、公开的计量，促进人类经济的发展。可是，随着时间的不断推移，人们居然将比特币精神当成了一种信仰，甚至将其看作是一种"数字黄金"。之后，世界各地的人们就开始对该问题进行讨论，场面激烈，观点各异……

2. 打造经济共同体

标准的通证经济体通常都有一定数量的节点，且各个节点之间地位是平等的，共同承担义务，共同分享平台的成长，是真正意义上的命运共同体。股份制公司时代，公司的生产关系只有股东与员工或老板与员工之分；在通证经济时代，只要持有公司或项目通证，任何人都能成为公司或项目的股东。借助通证，信任的规模化为现实，由此就形成了一种全新的生产关系，促进了人类经济共同体的实现。

3. 便于自金融体系的构建

随着通证以及通证经济的发展，自金融体系逐渐形成，比特币的诞生是自金融体系形成的明显表现。这种交易舍弃了传统金融体系中的中介化内容，提升了数据信息交换的效率，能够自主掌控经济行为的时间节点，不仅有利于跨区域国际贸易，提升国际贸易结算；还能使传统金融的时效性更强、更具广泛性，同时更加便捷，推动整个经济体系的有序发展。

4. 个人创造价值的体现

股票是一种以股权为分配红利的凭证，但是，在数字经济背景下，个人数据具有价值、参与分配，就会通证，代表了人类的价值，可以用来核算区块链。通证经济能够改变人类的分配制度，每个人都有权利参与分配；个人的大数据是科学计量的，从本质上来说，体现了个人创造价值的能力。

5. 实现经济制度的民主化

经济体发生裂变，股份制经济向通证制经济转变，借助区块链，人们就能利用分布式账户来对个人的价值进行管理与核算，从而实现经济制度的民主化。

借助通证经济，人类社会的文明必然会前进一大步，有利于价值的发现、管理和创造。

第三节　通证和区块链的关系

通证是区块链的灵魂，区块链的存在和运转并不能脱离通证而独立存在。同时，通证激励机制设计还是区块链的核心要素，区块链激励机制设计的好坏直接影响着通证流通体系的运行。通证经济，必将站在区块链技术的肩膀上，触发一系列新思维、新技术、新经济，引发整个生产、管理及管治体系的巨大变化。

1. 通证是区块链最好的应用

区块链可以做很多应用，例如，做公证、用来记账以及信息等，但是最好的应用是在上面发行可信的数字凭证，即通证，这也是区块链的应用。通证不仅具有便利性、流通性、全球性，还能实现 7×24 小时全天候的市场交易；更重要的是，可以使用可靠的技术，在区块链上通证无法造假，可以代表多种价值。

区块链的技术变革意义重大，不仅可以重塑商业模式和社会关系，普通投资者也可以参与其中。

2. 区块链是通证最好的平台

通证和区块链是相互独立的，通证可以独立发展，区块链也不用借助通证来实现功能。可是，没有通证的区块链，也只是企业用户数据的升级，只有将二者结合起来，才能将效果最大化。区块链能够提供最强的安全保证和信任传递能力，为通证打造最好的支撑平台。区块链是发行以及运行通证最好的基础设施，两者是最佳拍档。

3. 通证与区块链是最佳拍档

通证是区块链最具特色的应用，少了通证，区块链的魅力和威力就会减弱很多。区块链是新世界的后台技术，而通证是新世界的前台经济形态。区块链为通证提供了坚实的信任基础，二者之间的关系可以从以下几点进行分析：

（1）区块链是个天然的密码学基础设施，在区块链上发行和流转的通证，基因中就带有密码学的烙印，通证代表权益，而密码学是对权益最可靠的保护。所以，区块链上的通证是密码学意义上的安全可信。

（2）区块链是一个交易和流转的基础设施。这里的“通”要具有最高流动性、能够快速交易和流转、安全可靠，而这正是区块链的根本能力。区块链是最适合进行价值交换的基础设施。

（3）区块链是去中心化的，大大提高了人为窜改记录、阻滞流通、影响价格、破坏信任等难度。

（4）通证要有内在价值和使用价值，而区块链通过智能合约，能为通证赋予丰富的动态用途。

第四节　通证经济的典型商业化场景

通证是区块链上代表价值权益的记账单位，它是去中心化的，可以用来构建生态系统；能够取得更好的激励效果；具有流动性，可以用来储藏价值，还能用于实际。运用通证化经济，必然会促进实体经济的发展。举个例子，爱码市顺势崛起。

2020年，一场突如其来的疫情加速了各大行业的数字转型升级。网络渠道消费不断增大，作为爱码市旗下主要的购物平台，爱码市拼团购借势突围，打破了当前国内三大传统综合型电商平台为主导的局面，开创了独特的数字通证交易码拼团购物模式。在区块链技术日趋成熟的基础上，顺应数字经济的发展趋势，以“振兴民族互联网，成就更多平凡人”为宗旨，打造了数字化通证作为贸易标的独特交易平台。

爱码市是全球领先的通证码交易平台。在这里，商家可以通过爱码市平台，将其销售的商品或服务，转换成可流通的加密数字化通证在平台上进行流通交易，无须客服在线解决售后问题，去掉了传统商家的存货风险；买家则可以通过系统自动撮合组团购买商品，高效率完成通证码买卖。其中，对于未拼中商品的买家而言，相应的拼团奖励极大地激发了消费者的参团热情，人人皆可获取平台红利，达成拼团网民的新态势。新形势下的拼团模式还衍生出了一个新的商业角色——推广人。通过分享自己的平台二维码，免费邀请更多人，进行自然消费的参团获取推广奖励。

爱码市是商家的绝佳销售加速器。自2020年3月28日起，爱码市拼团购开始实行内测。短短两个月，已有80万人参与拼团购物，仅一天的销售额就高达300万元。数据显示，3月28日当天，平台上架的一款商品——广州相信科技有限公司旗下的svc1000充值卡就销售了2600余份，交易额高达260万元；近期上架的商品——海黄花梨蛋，五天时间就吸引了约3万名消费者抢购。

升级商业运行模式、助力经济新发展。爱码市拼团购借助新颖的运营模式和区块链技术将营销的各个环节进行智能升级，成为当下品牌和商家在电商运营过程中提高操作便捷度和资金使用效率的有效渠道。爱码市以数字化通证作为交易，交易快捷方便，且过程无任何物流环节产生。在解决传统商业中信息获取成本的基础上，进一步解决了商品交易中物流成本的产生，加快了传统零售业向通证经济时代的转型升级。同时，作为新一代的拼团购物平台，新的运营模式也给当下受疫情冲击收入锐减的人群提供了新的增收机会，为恢复国民经济的发展贡献自己的一份力量！

爱码市推广人是数贸五化论的完美诠释者。作为爱码市平台的参与者，个人在平台参与拼团，在获得产品和奖励的同时，还能自动成为平台的推广人。推广人无须像工作一样，到公司朝九晚五，只要在日常生活中聚会、游玩时和朋友分享自己的二维码，让朋友扫码一起加入即可，于工作于生活，把自己身边的资源一举转化为自身资本获得收入。推广人在为平台推广参与者时，也可获得相应权益点，每个权益点相当于公司的一份股份权益，可参与公司的权益分红，推荐的人越多，所获得的权益点越多，相当于获得了更多公司的股份权益，实现了自身从一个普通网民到公司股东的转变。

打破传统商业思维、引领未来新型经济生态。商业世界，任何的新机遇、新机会都是由最初的蓝海转变为最终的红海，而这个过程也将会爆发大规模的抢占市场活动。爱码市率先采用区块链技术，转变传统的电商运营模式，抢占市场先机，不断地提升该领域中的号召力和影响力，全面构建新的经济生态。

从区块链商业落地的角度看，通证是核心连接点，只有有效地对通证模型进行设计，才能对产业生态系统进行激励与治理。这里，就为大家分析几个通证经济典型的区块链商业落地场景：

场景1：数字内容

数字内容相关产业是高度数字化，业务流程都在数字世界中运转，适用于通证化改造。目前，针对文字、音频、视频等数字内容，已经形成第三方付费的广告、用户付费内容等商业化方式。

以知识付费为例，讨论通证化改造的可能性，可以设想这样的场景：该系统的一个循环由用户支付法币，完成金钱的闭环；另一循环是用户在产品与社区中活动，可以用通证对他们进行激励。因此，对知识付费平台进行通证化改造，可以在法币购买之外增加积分功能——用户购买、完成学习和其他贡献，继而获得积分，最后还能用积分兑换商品。此外，积分还能在内部或外部交易所交易，在生态内部确定其与法币的价格对应关系。

场景2：共享经济

为了对司机进行激励，打车应用就能创建一种表示权益的通证，将平台的长期收益与司机进行分享，司机就能分享平台收益，自然会吸引更多的司机加入该生态服务系统，从而解决共享经济平台的服务供给问题。

假设普通用户不参与这一通证的循环，依然用法币使用平台与叫车服务，就能将平台的权益分配给司机，司机就能通过加入自治经济体，享受到生态发展的权益。如此，就能提高平台对司机的吸引力，增加车辆供给，提高平台价值；如果该分享经济平台每季度分配收益，所有通证持有者也能按比例分配净收益。由此，按照打车业务的净收益预测、通证的分配机制来建立模型，就能准确测算出各枚通证对应的价值。

场景 3：资产通证化

典型的区块链应用场景之一就是，将线下资产上链，以可互换通证（或不可互换通证）进行价值表示，在区块链上进行交换。资产上链通证化，可以借鉴资产证券化的思路。所谓资产证券化，就是将某种特定资产进行组合打包，以未来产生的现金流作为偿付支持，发行债券，募集资金。

将区块链和通证用到该类领域，通常具有这样几个好处：将资产数字化变成可以由智能合约控制的智能财产，赋予投资者更大的财产管控权；底层资产的持有者和使用者进入该循环系统，其智能财产受到管控，还能直接参与交易；财产的收益分配，可以直接由智能合约自动处理。

第五节　通证经济是下一代互联网的数字经济

通证思维不同于币圈思维。通证需要被使用，而现实情况是，多数币都没有使用通证。通证启发和鼓励大家把各种权益证明，如门票、积分、合同、证书、点卡、证券、权限、资质等全部拿出来通证化，放到区块链上流转，放到市场上交易，让市场自动发现其价格；同时，也能在现实经济生活中被消费、被验证。由此可见，所谓的通证经济，就是把通证充分用起来的经济。

（一）通证经济带来的商业变革

1. 资本开始“去中心化”

（1）融资精力得到释放。项目方可以把精力更多地放在项目运营上，减少了融资谈判的时间投入。当然，在未来的 Token 投资中，中心化的投资机构对区块链行业的深刻理解依然重要，未来甚至还会有更多的 Token Fund 进入区块链领域竞争厮杀，开辟出一个区块链投资圈。

（2）募资打破地域限制。项目的募资少了地域限制，吸引了全球各地的投资者。Token 可以在互联网上向投资人发售，创业者不用再像过去一样，亲自到 VC 的办公室或创业咖啡厅进行融资，可以直接发行 Token，然后在全网公开融资。

（3）项目资金不受限制。项目发展初期的资金不再受限于第三方金融机构，可以把更多的精力放在项目的运营商上，而不是与此类机构分享收益。

2. 出现新的自治社区

未来，必然会采用一种去中心化的商业模式：没有股东，没有董事会和管理层，只有无数点缀的节点和开源代码。区块链项目社区会围绕一个区块链项目进行发展，包括开发者、志愿者、投资者以及相关组织，只要购买了项目代币，都能当老板。

为了推动项目发展把它做成功，社区成员齐心协力，为社区做贡献，推进币价增值，一同获利。在区块链通证经济大发展的时代，可能连企业都不复存在，而使用智能合约，就能设立分配和协作机制，比传统企业的效率更高、更准确。

3. 新商业模式不断演进

传统领域的生意一般都是低价买入、高价卖出，具体方式是：首先，发放免费产品，吸引用户注意力，形成垄断和壁垒；其次，通过广告、增值服务盈利。可以预见的是，未来企业完全可以采用Token的发行模式，将项目开源，对项目收益进行重新分配，以此来吸引更多的早期用户。

（二）通证经济引发新一轮数字经济革命

通证经济之所以能带来新一轮数字经济革命，原因不外乎以下几点：

1. 极快的流通速度

区块链上通证的流转速度比过去的卡、券、积分、票快等快成百上千倍；同时，借助密码学的应用，这种流转和交易还异常可靠，可以降低纠纷和摩擦等的出现。如果说在传统经济时代，货币流转速度是衡量社会经济发展的重要指标，那么，在互联网经济时代，该衡量指标就是网络流量。在“互联网+”经济时代，通证的流通速度将成为最重要的经济衡量指标之一，随着通证的飞速流转及交易，我们的生产和生活方式也将被颠覆。

2. 自由、可信任

通证的供给充分市场化，高度自由，任何人、任何组织、任何机构都可以根据现有的资源和服务能力发行权益证明；同时，通证还是运行在区块链上，随时可验证、可追溯、可交换，安全性、可信性和可靠性更高，是过去任何方式都无法达到的。所以，组织和个人都能轻而易举地把自己的承诺书面化、通证化、市场化。

3. 敏锐感知市场讯号

通证流转和交易的速度都很快，每个通证的价格都在市场上获得迅速确定，可以敏锐地感知市场价格信号，还能将有效市场甚至完美市场推到每一个微观领域中。

4. 有利于创新

通证应用，就是围绕通证的智能合约应用，以此激发出千姿百态的创新，也将会创造出更多的新机遇、掀起更大的创新浪潮，远超过去计算机和互联网时代的总和。

附录：
数字贸易联盟链手册

附录1　数字贸易联盟链（DTC）介绍

1.1　数字贸易联盟链（DTC）基础设施建设

第一项　区块链行业发展情况

随着全球传统金融行业板块业绩的持续下滑，新兴的区块链金融产业迅速崛起。目前数字货币对应潜在的市场规模：等同于 3.2 万吨黄金，比特币是如今当之无愧的数字加密货币之王。回顾过去 8 年，比特币上涨了 30 多万倍，成就了很多亿万富翁。而区块链行业目前正在步入正轨，为更多人所认知，区块链行业第一股“嘉楠耘智”已成功在美国纳斯达克上市。

BTC 目前流通市值（¥）8800 亿 CNY，流通量（BTC）为 179 万枚 BTC，24 小时成交额（¥）为 413 亿 CNY。BTC 当前价格为 7.4 万 CNY，BTC 历史最高价格为 14 万 CNY。

全球数字经济呈现快速上涨的趋势。根据近两年研究表明，未来的数字经济发展，特别是 2030 年左右，全球数字经济所占的比重会高达 35%~40%。

第二项　区块链行业现状

目前，基于区块链技术已从早期阶段步入应用落地阶段，预计未来五年，区块链技术将迎来爆发期，各行各业将大规模普及应用区块链技术，商业组织形态、治理机制将出现变革性突破。

目前绝大多数交易平台通证，其功能性和指向性仍然为纯粹的数字货币交易，而对于如何践行通证经济，赋能实体经济和实体产业，基本尚未涉足或处于概念化阶段。在技术层面，因受公链技术限制，亦不具备持续爆发的技术储备。在此情况下，全球数字贸易产业联盟区块链技术和各行各业区块链落地应用专家共同发起创立数字贸易联盟链（DTC）平台，践行通证经济理想。

第三项　平台打造区块链 4.0

数字贸易联盟链（英文名：DATA TRADE BLOCKCHAIN，英文简写DTC），DTC 的使命是建立一套安全、高效、简单的联盟区块链基础设施为全球数字贸易产业联盟提供区块链基石级服务。

DTC 是一个专注于数字资产交易与管理、区块链全生态建设是全球性金融服务平台，致力于创新的区块链技术，构建美好的金融新世界。DTC 由 1000+ 联盟企业联合发起，具备完全知识产权的区块链技术，有着去中心化的管理和联盟化的协作，以合法、合规的区块链商业基础设施，以及持续、安全、可信的支撑框架打造一个安全、开放、便捷的数字资产流通网络。

DTC 不只是一条联盟链，它自诞生伊始就有一个伟大的初心和愿景：每人都能享受到区块链发展的红利，并立志成为全球领先的全产品线、全产业链的区块链全生态领导者。

DTC 恪守区块链的去中心化精神和“赋予企业价值与产品价值”的平台理念，秉承透明、自由、开放、公正的原则，以其内在的企业价值及其资产储备为后续，由数贸联盟委员会独立治理，目的是促进联盟生态系统的发展。

DTC 的目标是建立“全球数字贸易联盟区块链”，因为它旨在面向全球人民提供服务，所以实现数字贸易联盟链（DTC）的软件是部分开源的，在 DTC 的应用层之上所有人都可以进行应用开发和许可开发。因此，数十亿机构和个人都可以靠它来满足自己的数字贸易需求。设想一下，开发者和组织机构将构建一个开放、可彼此协作的贸易生态系统，帮助人们和公司在 DTC 构建的服务之上进行模式创新、业务创新，从事价值物联网的具体商业应用。随着智能手机和无线数据的激增，越来越多的人将通过这些新服务上网并使用 DTC。为了使 DTC 生态系统能够在一段时间内实现这一愿景，我们从零开始构建了其所需的区块链，同时优先考虑了可扩展性、安全性、存储效率和处理量以及未来的适应性。

为了确保 DTC 真正的联盟化、有序扩展化，并让其始终以符合产业内最佳利益的方式运作，我们的选择是让 DTC 网络成为许可型网络。我们认为可以通过非许可型网络，提供全球数字贸易产业内，数十亿机构以及个人交易所需的规模，并确保其稳定性和安全性。数贸联盟的工作之一便是与社群合作，研究和实施许可型联盟区块链，其产业内的应用工作将在数字贸易联盟链（DTC）和生态系统公开发布后立即进行，并通过与技术社群的合作进行迭代优化。

无论在什么情况下，DTC 都将面向数字贸易产业内的所有人开放，任何消费者、开发者或公司都可以使用 DTC 网络，在网络上构建产品，通过他们的服务实现增值作用。这种开放性是 DTC 精神的本质，开放访问权限能够确保较低的进入和创新门槛，并鼓励发展有利于创新者的良性竞争环境。这是实现以下目标的基础——为世界建立更安全、便捷的全球数字贸易服务的基石。

1.2　数字贸易联盟链（DTC）愿景阐述

第一项　DTC 为什么是区块链 4.0？

DTC 与 DCEP 的发展关系

DTC 将为数贸联盟内所有应用提供 DCEP 的支付接口，同时，伴随着国家层面对法偿性数字货币的深入应用，DTC 也将为其提供技术和商业上的应用支持。

DTC 全面支持 DCEP 的数字货币支付并进行更多推广和普及，线下零售将更多接入区块链支付体系，个别产业也将逐渐开启链上链下一体化探索。

DTC 全球部署

数字贸易联盟链完全实现了去中心化运营，建立了全球多个超级节点认为在社区里直接获取用户转化的模式会更流行，新用户更分散。DTC 产业集群有能力提供具有法币收益驱动的区块链应用产品。

DTC 全球价值流通体系建设

DTC 是以数字贸易联盟链产业集群为基础的数字资产价值流通网络。在一键搭载全球传统金融资产与数字资产的基础上，可实现产品与数字价值链上的通兑与流动。得益于最前沿的区块链技术创新应用的深度采纳，数字贸易联盟链已开发出了系统的 P2P（点对点）网络，可确保全球不同范围内，百万级 TPS 的交易速度。

凭借海量规模、秒级速率的交易转账优势，数字贸易联盟链将率先进入跨境贸易结算、国际金融流转和传统金融资产分布式数据商业等应用场景。

据专业人士分析，随着数字贸易联盟链大面积落地外贸行业，可促进各国贸易往来、提升资本效率、推动国际经济数字化程度，从而起到助力全球经济复苏的作用。

除了从宏观层面优化国际经济形势外，数字贸易联盟链在微观层面，也将秉承数字时代价值投资信念的全球投资者。

在数字贸易联盟链的数字金融结算体系中，其生态通证扮演着世界传统货币秩序中的美元角色，起到国际性流通手段的作用。但 DTC 比美元更胜一筹的是，带着区块链和大数据技术的数字化基因，历史性地打破了传统货币与数字货币的界限。

第二项　DTC 能给投资者带来什么

乘着政策的春风，配合国家的需求，占据了区块链技术和数字经济发展的优势，数字贸易联盟链有理由相信，在国家政策的指引下，DTC 定能获得区块链行业的成功，从而实现在用户体量、业务增长率、利润率上的突破，将打造一个数百家传统金融机构加入、千万用户参与、资产规模高达数万亿的数字金融生态。

数字贸易联盟链核心业务涉及加密货币支付、加密资产管理、区块链数据交易、链上信用管理等，其目的是为全球数以万计的中小企业提供去中心化金融服务，助力全球货币支付体系升级转型。DTC 拥有广大用户基础，将更有利于加密货币线下支付的发展，在现有的基础上更上一层楼，达到有效的资源整合。

DTC 应用流通的价值属性如此之高，自然会对投资者产生极大的回馈。在此基础上，总量恒定的生态通证还采用了通缩模型，随着生态网络的拓展和用户数量的增加，生态通证的总量越来越少，其价值也将由此增长，投资者也将充分享受发展的成果。

第三项　DTC 价值生态商圈

乘着政策的春风，DTC 将打造一个全球区块链行业上下游的完整商业生态体系，构建数贸产业联盟，主要包含以下八个方面：

（1）DTC+ 实体经济：全球各国区块链监管政策进一步细化与完善，

DTC 将严格遵守各国的监管政策，大力支持线下实体产业项目，加速应用场景的落地。

（2）DTC+ 游戏：基于 DTC 庞大的区块链游戏生态支持，把用户对游戏链 DAPP 产生的习惯和依赖转化为商业效益。游戏区块链应用不仅为他们提供娱乐，还影响着消费和认知，并给他们带来收益增长抑或亏损。

（3）DTC+ 直播、娱乐、休闲：DTC 的底层支持为轻度娱乐，包括休闲类区块链游戏降低技术门槛，并为视频直播提供相应的 DAPP 支持，在移动互联网用户中更易获得认可，未来也会有更多的发展机会。例如，目前直播达人的产品就可以应用该技术。

（4）DTC（人工智能 + 大数据 + 云计算）：DTC 将会紧密结合人工智能、大数据、云计算为智能硬件赋能，提供智能家居 + 区块链的技术解决方案，并为产业提供新的增长机会。

（5）区块链垂直媒体：构建完善的区块链垂直媒体，可以对整个生态体系进行有效的宣传引导。

（6）建立高性能公链；用来承载高并发、高速率的交易宽度。

（7）区块链的三大特性：在新基建的号召下，建立全国的区块链孵化基地，利用区块链的三大特性（去中心化、不可篡改、分布式账本），帮助当地企业进行供应链改革和商品溯源。

（8）建立数贸联盟生态体系，扶持和孵化更多的优质项目。

区块链从解决中心化系统弊端和为数据增信入手，在此基础上，结合智能合约解决去中心合作难题，重塑信任关系与合作关系。而最具想象力的部分是，通过资产数字化与资产化链条，建立数字经济的新型体系。在新基建时代，从物理世界向数字世界迁移，随着应用场景的不断延伸，它必将迎来真正的破局。

附录2　数字贸易联盟链（DTC）技术讲解

虽然区块链技术被认为是继互联网之后的又一个全球科技发展最具颠覆性的技术，是新一代信息技术竞争的新赛道，在应用上也取得了一定的成果，但这并不代表现有的区块链技术已经能够担当起数字经济基础设施的角色。我们必须承认，现有的区块链技术特别是公有链的性能仍然不够理想，难以承载大量应用在链上落地开发。

数字贸易联盟链（DTC），依靠区块链技术的优势，建立起生态安全与信任机制，完成区块链与实体经济的无缝对接，解决行业中所出现的痛点，实现传统产业向现代化产业转变。多年来，DTC通过对区块链的探索与应用，以及对去中心化的更深层次认识与理解，推出了基于POW的共识机制。DTC的共识机制分为两部分，一是决定了上层结构（主链币）；二是POW决定了Token的属性。它们的相互结合，既能够实现在区块链上创建新的节点，又能确保全网的安全，再配以相应的硬件设备和芯片，辅助了区块链更好地运行，做到了虚实结合、软硬互补，拥有更加稳定和安全的实力！

2.1　数字贸易联盟链（DTC）技术亮点

第一项　可扩展性

作为底层技术，区块链的可扩展性特别重要，吞吐量和延时是与可扩展性相关的重要指标，提高吞吐量和缩短延迟解决区块链的“瓶颈”问题。以以太坊为例，以太坊 1.0 目前 TPS 仅有 20，每秒只能处理 20 个交易，一旦承载大量的应用就会产生积压，造成网路堵塞和撮合延迟。数字贸易联盟链（DTC）通过应用领先加密技术，在保护隐私的前提下也达到了高处理速度的效应。在八核处理器上进行加密交易处理，数字贸易联盟链（DTC）系统可实现每秒高达 23000 笔的速度，远远优于其他保密交易系统的速度协议。

第二项　数据的真实性和安全性

对于拥有重要数据资产的各类企业，最看重的是底层区块链的真实性和安全性。数据作为推动经济发展的燃料，将被应用于诸多领域为企业建立模型从而制定商业策略，保障数据的真实性和安全性是底层区块链的重要属性。数字贸易联盟链（DTC）的分布式账本是绝对保密的，并由用户自己的私钥加密保护。在默认状态下，身份信息、交易金额、交易方、交易的源数据（METADATA）都是强加密的。即使是验证者节点和存储运营者都不能解读这些被强加密的数据，有效降低了发生数据泄露的概率，同时通过零知识证明在不泄露任何数据的情况下验证关于数据的真实性。

第三项　隐私和透明的平衡

不管是政府、企业还是个人，他们都界定了哪些数据可以公开共享，哪些是机密信息不能公开，这就需要底层区块链既要确保数据的透明性，又要选择性地保密和公开。维护好隐私和透明的平衡是第一代区块链所不能做到的，而数字贸易联盟链（DTC）通过零知识证明技术（如 BULLETPROOFS，SUPERSONIC）的突破，实现了选择性披露的功能。用户可以在数字贸易联盟链（DTC）上看到真实合规的数据或交易，同时无须担心泄露不公开的加密数据和信息。

数字贸易联盟链（DTC）利用基于零知识的分类账本进行审查与监

控，利用保密支付、保密资产转移、隐私保护多方计算等功能保护关键数据和隐私不被泄露。

数字贸易联盟链（DTC）是在现有项目和研究的基础上从头开始设计和构建的，集合了各种创新方法和已被充分掌握的技术。数字贸易联盟链（DTC）的四项决策：

（1）设计和使用 Solidity 编程语言；

（2）重构了以太坊的 P2P 网络通信模块，使其需要进行安全验证得到联盟许可才能加入新节点进入联盟链网络；

（3）重构了以太坊的共识算法，只有经过联盟成员认证授权的节点才能打包区块，打包节点按序打包，无须算力证明；

（4）开发了联盟共识控制台（Consortium Consensus Console）CCC，方便对联盟链进行运维管理，联盟链用户只需在 Web Console 上就可以安装部署联盟链节点，投票选举新的联盟成员和区块授权打包节点。

SOLIDITY 的语法接近于 JAVASCRIPT，是面向对象的语言。但作为真正意义上运行在网络上的去中心合约，它又有很多不同。例如，DTC 底层是基于账户，而非 UTXO，所以有一个特殊的 ADDRESS 的类型，用于定位用户、定位合约、定位合约的代码（合约本身也是一个账户）；因为语言内嵌框架是支持支付的，所以提供了一些关键字，如 PAYABLE，可以在语言层面直接支付，而且特别简单；存储是使用网络上的区块链，数据的每一个状态都可以永久存储，所以需要确定变量使用内存还是区块链；运行环境是在去中心化的网络上，会比较强调合约或函数执行的调用方式。原来一个简单的函数调用变为了一个网络上的节点中的代码执行，采用分布式的模式进行操作；最后一个特别大的不同则是它的异常机制，一旦出现异常，所有执行都将被撤回，这主要是为了保证合约执行的原子性，以避免中间状态出现的数据不一致。

2.2 数字贸易联盟链（DTC）设计理念

第一项 技术特性

（1）简单性：DTC协议应该尽可能简单，即使以某些数据存储或时间效率低下为代价。理想情况下，程序员应该遵循并实现整个规范，以便充分实现加密货币带来的前所未有的民主化潜力，并进一步将DTC作为向产业内所有人开放的协议的愿景。所有增加复杂性的优化除非提供了非常实质性的好处，否则不应被包括。

（2）普遍性：DTC设计理念的一个基本部分是“没有特征”。DTC提供了一种内部的图灵完备脚本语言，程序员可以用它来构建任何可以在数学上定义的智能合约或交易类型。

想要发明自己的金融衍生品？有了DTC，你可以！

想制作自己的数字货币？将其设置为DTC合约。

想要建立全面的守护进程或天网？你或许需要有几千个连锁合约，但有了DTC，没有什么能够阻止你。

（3）模块化：DTC协议的各个部分应设计为，尽可能模块化和开发过程中的可分离状态。我们的目标是创建一个程序，如果要在一个地方进行一个小的协议修改，应用程序堆栈继续运行而无须进一步修改。修改过的PATRICIA树等创新应该作为单独的功能完整的库实现。这样就算它们在DTC中使用，即使DTC不需要某些功能，这些功能在其他协议中仍然可用。我们应该最大限度地完成DTC的发展，从而使整个加密货币生态系统受益，而不仅仅是DTC本身。

（4）敏捷性：DTC协议的细节并非一成不变。虽然我们会明智地对顶层架构进行修改，例如，使用分片路线图，抽象执行，仅仅把数据可用性放进共识。稍后在开发过程中的计算测试可能会使我们发现某些修改，例如，对协议架构或 DTC 虚拟机（EVM）的修改将提高可扩展性或安全性。一旦发现任何此类机会，我们将毫不犹豫地引入。

（5）无歧视和无审查：DTC 协议不应试图限制或阻止特定类别的使用。协议中的监管机制都应设计为直接监管危害，而不是试图反对特定的不受欢迎的应用。程序员甚至可以在 DTC 上运行无限循环脚本，只要他们愿意支付每个计算步骤的交易费用。

第二项　DTC 技术架构：DTC 复用了以太坊强大的智能合约模块，并对共识算法和网络通信模块进行了重构改造，重新开发了联盟共识控制台，使其适用于企业级联盟链应用场景。使用 DTC 部署的联盟链如图 1 所示。

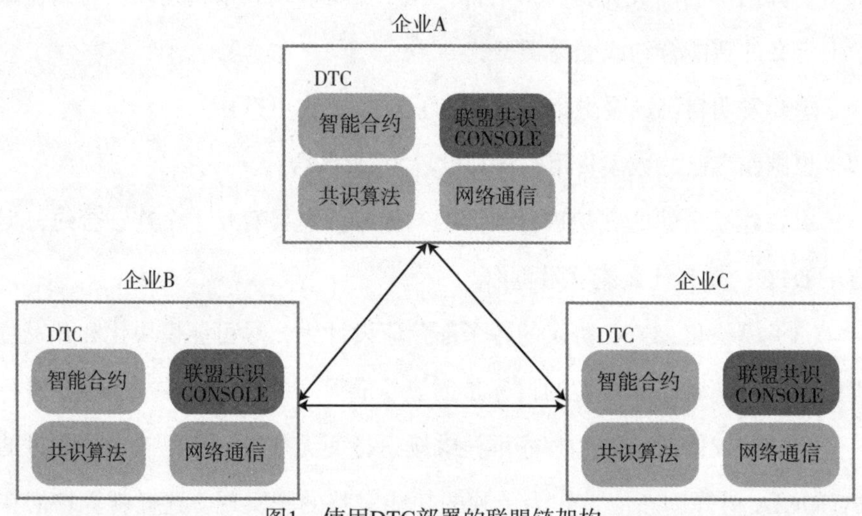

图1　使用DTC部署的联盟链架构

企业 A、企业 B、企业 C 合作建立联盟链，数据以区块链的方式存储在这三家企业的节点上，实现分布式记账，并根据（基于智能合约的）联盟共识授权某些节点对区块数据进行打包。其他企业未经许可无法连接到该联盟链网络上，也不能查看其节点上的区块链数据。

第三项　DTC 联盟共识控制台

联盟共识控制台是 DTC 为联盟链运维管理开发的 WEB 组件，企业可以使用联盟共识控制台便捷部署联盟链运行节点，管理联盟成员和授权节点打包区块。

每一个参与联盟链的企业节点都部署在独立的联盟共识控制台，出于安全考虑，每个企业节点的联盟共识控制台彼此独立，互不感知，它们通过调用联盟共识智能合约对联盟管理事务进行协商，以达成共识。

联盟共识智能合约的版本主要包括投票选举申请加入联盟的新成员及投票选举联盟链新的区块打包节点。该智能合约由联盟链创立者在第一次启动联盟共识控制台的时候自动创建，是联盟链成员进行联盟管理及协商共识的主要方式。

既然联盟成员节点部署的联盟控制台之间彼此独立互不通信，那么联盟其他成员如何获得联盟共识智能合约的地址呢？我们的办法是在联盟链创立者节点的联盟共识控制台，第一次成功部署联盟共识智能合约的时候，将该合约的地址发给共识算法模块，共识算法在封装区块头的时候将合约地址写入区块头的 MINER 中，记录有联盟共识智能合约地址的区块头。

其中 EXTRADATA 记录经过椭圆曲线加密的区块打包者地址信息，其他节点通过解密得到打包节点地址，并且验证该地址是否有权限打包节点；MINER 中记录联盟共识智能合约地址；NONCE 记录一个 MAGIC CODE"0XCAFFFFFFFFFFFFFF"，表示该区块获得了共识合约地址并写入当前区块（其他区块 NONCE MAGIC CODE 为 "0X00FFFFFFFFFFFFFF"）。

联盟链成员节点加入联盟链，同步区块链数据后完全可以从区块头中读取联盟共识智能合约的地址，然后通过联盟共识控制台调用该合约，参与联盟管理和协商共识。

第四项 DTC 数贸联盟链的技术架构

DTC 的核心架构能为全球数字贸易产业联盟的成员单位和外协单位提供强大的区块链核心支持，如图 2 所示。

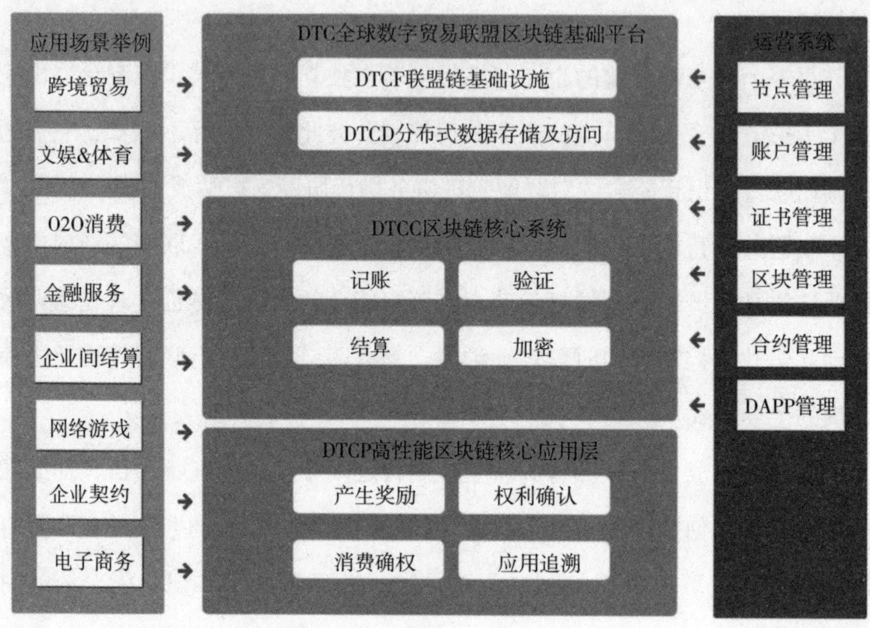

图2 DTC的核心架构

附录3　数字贸易联盟链（DTC）发展布局

3.1　数据互联

区块链技术在十年的发展过程中，历经区块链 1.0（比特币时代）、区块链 2.0（智能合约时代）及区块链 3.0（价值互联时代），随着区块链技术与大数据、人工智能等创新信息技术的全面结合，即将迎来区块链数字经济大时代。

区块链以自身可信任性、安全性和不可篡改性，让更多数据被解放出来。用一个典型案例来说明，即区块链是怎样推进基因测序大数据产生的。区块链测序能利用私钥限制访问权限，从而规避法律对个人获取基因数据的限制，利用分布式计算资源，低成本完成测序服务。区块链的安全性让测序成为工业化的解决方案，实现了全球规模的测序，从而推进数据的海量增长。

数字贸易联盟链（DTC）是基于区块链技术下，建立的新型人工智能系统。利用分布式系统，让数据更加安全，让人工智能预测和评估更加准确，且具有更强的学习性，参与者可以利用 DTC 调节产品数据结构，降低交易成本，无障碍地实现跨领域合作和工艺创新。最终，DTC 将构建具备自然进化能力的区块链，充分利用人工智能构建用户友好、面向数据服务的全新生态系统。

数字贸易联盟链（DTC）面向数字工业、智能制造过程提供集数据采集、存储、计算、分析于一体的产品级解决方案，充分发挥区块链 +AI 的优势，借助区块链去中心化、人工智能化等技术，使数据采集、存储、管理、流通、计算、分析等，突破传统技术的限制，帮助用户建立数据模型，实现数据共享和协同工作。

数字贸易联盟链服务于工业制造企业，旨在帮助企业进行协同控制，以代币 DTC 共享挖矿为介质，利用 DTC 生态工业智能数字系统，依据产品数据进行模拟生产，进而快速有效地进行反馈，为后期的大规模生产带来便利，缩短时间，降低成本；利用 DTC 实时数据来模仿包括机器、产品和人在内的物理世界，将新产品放入虚拟的生产环境中，进行产品在仿真环境中的应用检测。

3.2 数字贸易联盟链（DTC）建立经济通缩模型

数字贸易联盟链（DTC）的目标是建立“全球数字贸易联盟区块链”，因为它旨在面向全球人民服务。DTC 可广泛服务于大规模商业信用场景并形成不断完善的分布式信用范式，将区块链技术应用于解决各个领域信用数据的所有权限、安全保护、商业化应用等实际问题。随着 5G 技术的发展，DTC 将通过与云计算、大数据、人工智能、虚拟现实、智慧城市等融合，赋能全新的价值互联网 2.0 生态。

DTC 采用透明的、基于主链的不可更改的经济模型，为社区提供公平公正的参与机会。由数贸联盟主导技术及生态的发展，社区方面提供广泛的建议和支持，同时对数贸联盟实行在项目发展、财务、投资等方面的监督，从而保证 DTC 项目又好又快地发展。

与此同时，DTC 联盟链的用户拥有算力可自动进行“挖矿”。值得一提的是，DTC 将采用先通缩、后恒定的通证机制，不仅保证了早期参与者的红利，还调动了参与者的积极性，有利于项目的宣传。后期通证数量恒定，可以提升 DTC 的价值，同时保证市场的流动性。

可以看出，DTC 通过基于区块链技术以及通证经济模式，让联盟生态中的成员不仅仅是消费者，也是经营者和投资者，从而通过 DTC 主链实现资产置换。并且数字资产可以通过外部交易所进行交易，进而提高资产流动性，最终让全部社区成员共赢，打造可持续发展的生态闭环。然而，在此期间，随着交易量的持续增加，DTC 的消耗量也在不断增加，由于整体的通缩性质，DTC 的价值将不断上涨，最终打造开放、公平的全球化产业平台。

附录4 数字贸易联盟链（DTC）通证经济

4.1 数字贸易联盟链（DTC）通证DTT

数字贸易联盟需要全球性的通证 DTT（DATA TRADE TOKEN），它能够集产业内最佳应用的特征于一体——稳定性、低通货膨胀率、全球普遍接受和可互换性。DTT 旨在帮助满足全球数字贸易的需求，一起扩展产业内企业的业务规模和影响范围。

DTT 的目标是成为一种稳定的产业化数字加密通证，将全部使用真实资产储备（称为“DTT 储备”）作为担保，并由买卖 DTT 且存在竞争关系的交易平台提供支持。这意味着，任何持有 DTT 的机构及个人都可以获得高度保证，他们能够根据汇率将自己持有的 DTT 兑换为产业内企业的产品、服务甚至积分，就像在旅行时将一种货币换成另外一种货币一样简单。

这种方法类似于过去引入其他联盟企业的积分方式：确保 DTT 可以用于换取产业内的真实资产，比如黄金，目的是帮助培养人们对 DTT 的信任，并在 DTT 诞生初期广泛使用。尽管 DTT 不会使用黄金作为支持，但它将采用一系列产业内的低波动性资产（例如，由稳定且信誉良好的产业联盟提供的现金和产业内稳定通证，如 DOS）进行抵押。

同时，需要强调的是，一个 DTT 并不总是能够转换成等额的联盟企业内特定的积分（DTT 并不与单一联盟内积分挂钩）。相反，随着标的资产的价值波动，以任何企业积分计价的 DTT 价值也可能会随之波动。然而，选择储备资产的目的就是最大限度减少波动性，让DTT的持有者信任该通证并能够长期保值。DTT储备中的资产将由产业内分布在全球各地具有高信用评价的托管机构持有，以确保资产的安全性和分散性。

DTT背后的资产是它与许多现有加密通证之间的差异，这些加密通证缺乏内在价值，因此价格会因期望而大幅波动。然而，DTT的确是一种加密通证，因此，它继承了这些新型数字通证的特性：能够快速转账，通过加密保障安全性以及轻松自由地跨企业转移资产。

正如当今世界人们随时随地使用手机向好友发送消息一样，我们同样可以通过DTT即时、安全且经济地管理资金。

DTT储备资产的利息将会用于支付系统的成本、确保低交易费用、分红给生态系统启动初期的建设者和投资者，为进一步增长和普及提供支持。储备资产的利息分配将提前设定，并将接受全球数字贸易产业联盟委员会的监督，DTT用户不会收到来自储备资产的回报。

4.2　数字贸易联盟通证DTT情况

数字贸易联盟链（DTC）通证，英文简称：DTT，发行总量：100亿枚。

与数贸产业联盟相关企业可分配不同数量的DTT，剩下的用于后续使用预留。

DTT是数字贸易联盟链（DTC）发行的去中心化区块链原生数字资产，也是DTC的平台通证。在前期，DTT作为数字贸易联盟链（DTC）通证而存在，未来将广泛应用于DTC区块链全生态体系。

数字贸易联盟链（DTC）发行的通证DTT是全球首个利用BDR模式发行的平台通证，该方式由真实企业价值作为依托，并且通过法律和智能合约的双重方式保障通证持有者的权益。

BDR 全称 BLOCKCHAIN DEPOSITARY RECEIPT（区块链存托凭证），是数字贸易联盟链（DTC）联合证券、法律行业资深专家设计的全新产品。BDR 在证券发行由 IPO 走向 STO 的新时代背景下，依托区块链技术与智能合约进一步辅助 STO 提高流通性、实现全球化。BDR 由合规发行的企业股权背书，可以通过智能合约实现交割，让每个人都有平等的机会参与早期优质项目，并获得权益的保障。

DTT 是数字贸易联盟链（DTC）平台流通的数字权益证明，同时，DTT 将作为数字贸易联盟链（DTC）生态的基础燃料和数字贸易联盟链（DTC）社区权益代表。

为保障 DTT 的真实价值，DTT 作为平台应用型通证，拥有非常好的流通性和更广的应用场景。同时，DTT 在满足特定条件下，可实现和数字贸易联盟链（DTC）真实股权通证的交割。因此，DTT 通证持有者的权益，将会受到法律与智能合约的双重保障。

现阶段，DTT 作为数字贸易联盟链（DTC）平台通证而存在。未来，DTT 将应用于数字贸易联盟链（DTC）全生态领域。随着数字贸易联盟链（DTC）平台的不断发展，以及数字贸易联盟链（DTC）应用生态的持续繁荣，DTT 通证的共识基础将进一步放大，DTT 的价值也将水涨船高。我们有理由相信，不久的将来，DTT 或将成为全球最伟大的通证之一。

附录5　数字贸易联盟链（DTC）生态建设

5.1　数字贸易联盟链（DTC）主链底层技术应用设施

联盟链作为区块链的基础设施，要承载很多落地应用，因此联盟链技术也就成了亟待解决的问题，也成为 VC 和普通投资者竞争的赛道。底层联盟链技术到底有多重要，例如：联盟链好比一条高速公路，DAPP 就是高速上行驶的汽车，如果高速公路没有修好，那么汽车就不能正常行驶。同理，如果联盟链的可扩展性和 TPS 跟不上，那么 DAPP 是不能运行的。如今的联盟链领域颇有百花竞放的势头，而顶级联盟链的诞生，不仅要有扎实的技术、可落地的应用设计，而且必须具备商业生态性。

目前的底层联盟链，随着智能合约的推出，丰富了区块链的商业应用，但离真正的大规模商业级应用还有很远的距离，主要表现在区块网络转账速度慢、费用高、系统并发量低、稳定性差、数据存储和安全缺陷等方面。这是目前底层联盟链需要解决的问题，这些问题解决不了，商业化应用只是空话。DTC 的目标是成为真正能支持大量商业级应用的联盟链，解决现有的区块链应用性能低、兼容性差以及过度依赖手续费等诸多问题，实现分布式应用的性能扩展。

DTC 联盟链提出了致力于打造下一代去中心化的云计算的底层操作系统，逐渐优化为具有开放性、针对性、兼容性、交互性、安全性的可信分布式网络。目的就是让开发者快速、低成本地使用区块链技术，支持新一代算力基础设施的构建与发展，通过技术优势和规范化的社区治理，构建覆盖全球的智能算力可信价值链，提升产业内的协作效率，协同产业进化，实现全球智能算力应用场景和数字经济生态的商业落地与协同发展。

DTC 有一个跨链交互和虚拟机独立架构机制，可以将以太坊合约上的应用加以配置，就能在 DTC 上面运行。并且，DTC 同时支持多种编程语言，能够进行角色的权限管理、界面开发的 WEB 工具包、自描述接口、自描述数据库体系等现成的模块，既稳定又安全。

DTC 从诞生之初就以商业为切入口，采用线上 + 线下，双向驱动生态优化。线上以区块链技术生态为形式，形成 DAPP 开发技术支持、开发者共建、开发者激励为主导的输出形态；线下则以实体战略应用生态为表现形式，形成房产、酒庄、生物科技、金融、娱乐、新能源、体育为主导的价值形态。

5.2　数字贸易联盟链（DTC）数字经济价值商圈

随着云计算、大数据、移动终端、社交和线上支付、物联网等 IT 技术的普及，区块链将创造出一个新的经济生态圈，实现人与人、人与机、机与机、云与云的交易互动，数字贸易联盟链（DTC）将其称为“可编程的经济”。巴菲特曾表示，“不认可比特币，但可能投资区块链”，还曾提到：区块链里藏着可编程的“钱”。这个观点不由得引人深思，可编程的“钱”就是通证经济的本源，这将是新经济的变革。在过去几个世纪里，人类已经见证了历次技术革命的诞生，如工业革命、铁路革命、石油革命等。随着新技术的面世，区块链逐步渗透，为经济生活方式带来了颠覆性的变化。

数字贸易联盟链（DTC）深耕底层技术，超越传统领域，进入智能化领域，成为“万物互联”的底层协议，是区块链4.0的大杀器。区块链作为“资产”的高速公路，除了快速、自由地流转外，还有另一个重要特点：这些资产是可编程的。掌握了底层技术，就有可能改变这个世界的运作方式。

那可编程经济是什么？

可编程经济是一种基于自动化、数学算法的全新经济模式，把交易中的执行过程写入自动化的可编程语言，通过代码强制运行提前植入的指令，保障交易执行的自动性和完整性。它为我们带来了前所未有的技术创新，在执行层面明显降低交易的监督成本，在减少造假、打击腐败和简化供应链交易等“机会主义行为”方面都拥有巨大的应用前景，是未来新经济的发展方向。

数字贸易联盟链（DTC）利用区块链的脚本语言使可编程经济成为现实。区块链的脚本语言是实现可编程经济的重要方式。脚本本质上是众多指令的列表。例如，在每一次交易中，价值的接收者获得价值的条件，或者花费掉自己曾收到的留存价值的条件，只要用数学方式表述，都可以在脚本编程语言中实现。

举个例子：如果你为了存钱，想要控制金钱支出，就可以通过脚本语言设置支出的规则，如不可以购买化妆品、衣服，不可以一次性花光等，你发起一笔交易便会触发一个脚本运行，只有符合预先设置好的条件的交易才可以执行。

脚本的魅力就在于具有可编程性，它可以灵活改变花费留存价值的条件，以更好地适应人们从事社会活动和经济活动的需求，这正是可编程经济的优势所在。

编程的脚本需要智能合约，数字贸易联盟链（DTC）将代码写入区块链的底层，当代码中约定的规则条件满足时，合约会自动执行并且一旦启动并自动运行，不会受到外界不利因素的影响与阻止。在数字贸易联盟链（DTC）系统中，我们把区块链合约（BLOCKCHAIN CONTRACT）分成智能合约（SMART CONTRACT）和主控合约（MASTER CONTRACT）。除了支持智能合约外，我们将通过链下因素的引入，形成符合现实世界商业逻辑的区块链主控合约。

可编程经济的成功或失败完全取决于是否能实现事物或者资产的“货币化”。数字贸易联盟链（DTC）基于编程语言，扩展成登记、发行、结算、交易等完善的经济系统，技术层面采用了分层模式，底层协议注重安全性，为“可编程经济参与者”提供高效的数据保护。

数字贸易联盟链（DTC）打造了一个分布式商业平台，它的组织边界（所有者、生产者、消费者）是模糊的。这三个角色有可能是融合的，一个人既可能是生产者也可能是消费者，同时还可能是所有者。例如，在一个公链上面，有人在上面发了一段视频，他是生产者，同时他也会看别人发的视频，他也是消费者。另外，因为他要消费公链上的视频，他需要购买 Token，而这个 Token 随着公链的发展，价值提升了。从收益本质来说，他也是所有者之一。这样就能最大限度地调动 Token 持有者的创造力。

同样，Token 可以应用于闲置资源兑换，物物交易或者物品租赁，用户在“DTC 链上”可以转让二手资源或者闲置资源，使用者支付 Token 给提供者，而使用者也会获得一定的 Token 奖励。无论是购买、点赞、好评或打赏，都是由 Token 来激励的。DTC 打造自己的 DTCPAY 体系，在 DTC 平台上有一个市集功能，用户可以在平台上买卖东西、做众筹，并使用 Token 作为交易，数据从始至终贯彻到底，这些模式都是可编程的。

数字贸易联盟链（DTC）会将整个商圈以及跨商圈的实体需要信任和共享的纳入全方位的编程结构，包括各种智能资产、自我执行的合同和分散商家，让商圈和商家可以开启和融入“可编程经济”，通过模糊和物理世界之间的界限，创造新的智慧商圈。

未来可编程经济的核心便是智能物品、智能合同、智能机器、智能交易，可编程商务模式成为底盘，数字贸易联盟链（DTC）成为价值交换的核心，开启未来可编程全新时代。

5.3　DTT在DTC价值商圈应用场景中的流通

DTC 平台推出的通证为 DTT，发行总量恒定为 100 亿枚，DTT 是数字贸易联盟链（DTC）发行的去中心化区块链原生数字资产，也是 DTC 的平台通证。在前期时 DTT 作为 DTC 平台通证而存在，未来将广泛应用于 DTC 区块链全生态体系。

DTT 的独特性在于，它是兼具流通属性、消费属性、权益属性、分红属性与标识属性五大属性的生态通证。未来，DTT 因其广阔的应用前景和超高的交易流通性，具有极大的升值空间和投资收益预期。

作为 DTC 生态的核心要素，DTT 承载着 DTC 生态践行普惠金融理念的关键使命，消除全球地域隔离和贫富鸿沟，提供人人平等的发展机会，构建金融公平。DTT 是 DTC 平台流通的数字权益证明，持有者会享受 DTC 平台收入分红，同时 DTT 将作为 DTC 生态的基础燃料和 DTC 社区权益代表。

DTT 将作为 DTC 主链应用场景中的流通 Token，如图 3 所示。

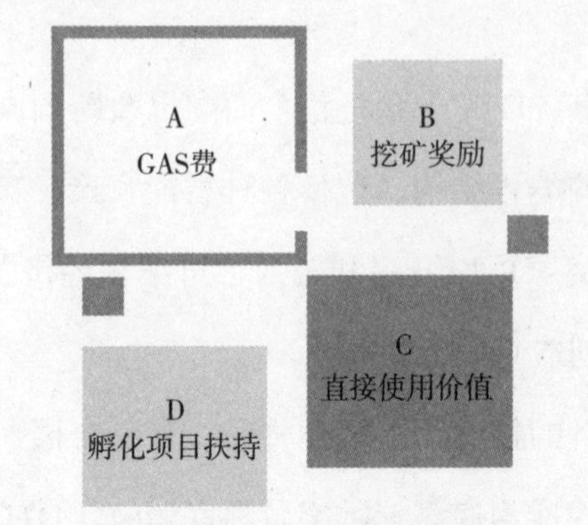

图 3　DTT 在 DTC 主链应用场景中的流通

附录6　数字贸易联盟链（DTC）应用场景建设

6.1　TPS企业级通证发行系统

目前，区块链技术已在司法存证、政务管理、民生服务、食品溯源、供应链管理等场景中应用，未来可能在新基建、产业链改造、公共服务等领域大展身手，为高质量发展蓄势赋能。

区块链能够帮助公益机构解决供需两端信息无法匹配、信息更新滞后等很多问题，提高物资供应的精准性和高效性。与此同时，能够确保商品和资金使用的公开透明，保障公共服务的公信力。由于其可追溯、不可篡改的特性，区块链技术也比较适合物流供应链领域。由此可见，随着区块链技术的不断成熟，不久的将来会出现区块链在更广泛领域的应用案例。

第一项　TPS 目标愿景

A. 企业通证类型定制化：根据企业应用定位发行对应的类型通证，为企业应用定制除公共功能外的应用功能；

B. 简约正规通证发行过程：简化发行流程，专业审核团队审核发行方资质，避免企业乱发空气币；

C. 合作方平台开放化：对已加入数字贸易联盟的企业开放平台。

第二项　企业需求的通证类型

A. 价值型：作为价值载体直接对接固定价值（存储卡、兑换券、支票、Q 币）；

B. 权利型：持有人在应用场景中拥有的权利（优惠卡、贵宾卡、粮票）；

C. 收益型：具有收益权可以在未来产生收益（债券、股票）；

D. 计算型：通过计算规则产生不是由特定主体发行（比特币、以太坊基础公有链上的数字货币）。

第三项　TPS 发行流程

A. 聆听企业诉求：与企业沟通应用场景，定制企业通证类型及需求；

B. 企业提交资料：企业简介、经营概况；

C. 专业审核团队：企业的过往纠纷，近两年内的经营概况；

D. 团队定制发行：支持公共功能，依据企业诉求定制功能。

第四项　TPS 通证发行系统功能简介

A. 管理。

发行：合约部署、多种发行方式、支持双层 TOKEN 使用；

消费：混合支付、投票；

抵押 / 验证：抵押、投资类型、地址验证提案系统交易信息隐匿。

B. 营销。

微信红包小程序；

电商平台：支持 TOKEN 发放和使用，支持二级分销根据持有数量公平分配收益。

C. 开发。

面向商业应用的 API 多种形态、语言 SDK；

合作方自助申请开通服务及功能。

6.2　车载系统+区块链（移动出行通证解决方案）

第一项　移动出行通证解决方案介绍

区块链技术已经为越来越多人所熟知，具有不可篡改、去中介化、自治、开放等特点，被很多人称为“赋能万物的事实机器”。区块链技术特性，决定了其适用于需要“多方博弈”“多方信任”的场景中，其“激励”和“治理”机制有助于消除垄断，实现多方共赢。

移动出行通证解决方案是基于数字贸易联盟链（DTC）底层技术，以汽车出行作为实际业务场景，集出行、物流、结算与供应链金融四大功能模块的综合服务平台，旨在利用区块链技术，通过解决价值传递过程中博弈多方互信等痛点，为实体经济注入新的源泉。

移动出行通证解决方案借助数字贸易联盟链（DTC）底层技术和5G互联网的发展，为出行行业提供了全新的发展思路，建立完善而庞大的物联网体系，在解决出行难题的同时，还能为用户带来一定收益。

构建智能车队及城市移动解决方案——超越现有的TELEMATICS（应用无线通信技术的车载电脑系统）产品的创新解决方案，有助于运营商优化车队，运营减少环境足迹或支持驾驶员的健康。智能使用数据，有助于解决如拥堵、停车和EV充电基础设施的限制，提供解决方法，以促进主动出行。

众所周知，收集驾驶习惯和行为模式数据的难度和体量是呈几何级数增加的，而区块链技术正好是处理这一庞大数据的最佳方案。因为数据需要这样一个账本，记录所有发生在车载内的数据和行为，并协调所有发生的事情以及将要发生的事情。

第二项　移动出行通证解决方案商业价值流通

首先，通过移动出行通证解决方案，参与方能够构建商品车电子化运单及多方互信的商品车签收公共账本，提升汽车物流供应链的效率和信息透明度；其次，该平台有助于取消现有整车物流业务模式中纸质运单的作业及流转，实现基于电子运单的物流运营和供应链相关方在线对账模式，为传统行业数字化转型提供增值服务；最后，基于在线应收付账对账数据及发票，平台能为整车物流中的供应商提供高效且低成本的融资方案，帮助改善整个整车物流生态的运作。

未来，移动出行通证解决方案还会在“AI 智能驾驶”上持续发力，重点打造“AI 智能驾驶 + 区块链”在无人驾驶、智慧交通、保险科技等领域的应用。

在移动出行通证解决方案生态中，车主可以通过出行轨迹对 DTC 矿工打包交易的贡献，在正常出行的同时赚取 DTT（数贸联盟链通证 TOKEN），DTT 在移动出行通证解决方案社区中的产出、价值锚定、流通、回收构成了完整且闭环的通证经济，极高的流动性不但促使生态中的生产力提升，生产要素与生产资料的增加，还保证了 DTT 价值的平稳上升。

随着用户的贡献度越大，获取的 DTT 越多，进而用户之间的协作能力越好，DTT 的价值越高，最终形成良性循环，用户的黏性也会不断增加，真正解决用户对移动出行通证解决方案的需求。

未来，移动出行通证解决方案的 TOKEN 将具有实际落地场景，在移动出行通证解决方案 DAPP 中流通，随着移动出行通证解决方案骨干计划的逐步开展，移动出行通证解决方案社区中线路加盟商、代运营、推广者、羊毛党四种角色集中发力，聚线成网，完成 10000 条固定线路的铺设，移动出行通证解决方案生态中的用户规模和用户活力将呈现出爆发式增长，市场前景无可限量。

行为即价值，参与即回馈，移动出行通证解决方案生态发展未来可期！在区块链、通证经济的发展模式下，自我激励模式得以实现，每一位经济主体所付出劳动的多少都可以在区块链中查询到记录，所有的激励都将根据贡献而定。另外，交易费用的减少、权益的明确促进了经济效率的提升，让每一位参与创造财富的利益相关者，都享有组织长期利益自治与分享财富的权利。在移动出行通证解决方案社区中价值的重新分配保证公平、资源的有效配置体现效率、公平与效率兼备、整个移动出行通证解决方案生态发展无限可能。

第三项　POM 共识机制和 POM 算法介绍

PROOF OF MOVEMENT 移动数据计算量证明，出行移动产生的数据具有随机性，且具有机器语言不可模拟的特质，加之结合 DTHASH 的工作量证明，使其生态更加稳定难以模拟。

移动出行通证解决方案以移动出行里程数为核心判断数据，轨迹点及 SN 码作为防作弊条件，在不同场景对应不同收益类型，每天都会有平台应用任务，对活跃用户进行追加奖励。若同时满足条件的用户较多，会采取随机选取幸运用户作为奖励，如图 4 所示。

$$\sum x=\begin{cases} f(a)\times km\times lndex \\ f(b) \end{cases}$$

$$f(a)=1+\int a\times 0.2;\qquad a\leqslant(5)$$

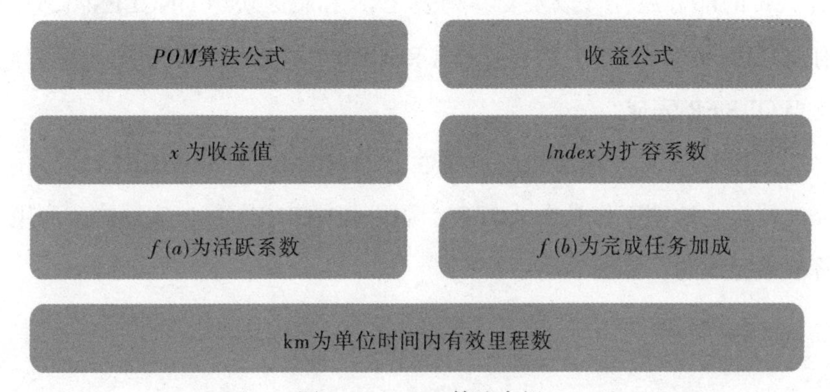

图4　DTHASH算法介绍

DTHASH 数字贸易联盟链算法是当前 DTT 基于 POW 工作量证明的共识引擎（也叫挖矿算法），它的前身是以太坊 ETHASH 算法。DTHASH 算法也会同步 ETHASH 算法向 POS 升级，并且具有独立模块整合 POM 移动数据采集计算随机数以提高 DTT 生态安全性。

RAND（h,n）<=*M*/d

M 表示一个极大的数，比如 2^256-1；D 表示 HEADER 成员 DIFFICULTY。H 是 HEADER 的哈希值（HEADER.HASHNONONCE()）

N 表示 HEADER 成员 NONCE。

RAND() 是一个概念函数，它代表了一系列的运算，最终产生一个类似随机的数。

在最大不超过 *M* 的范围内，以某个方式试图找到一个数，如果这个数符合条件（<=*M*/D），那么就认为 SEAL() 成功。

主要的数据传输发生在 WORKER 和它的 AGENT（们）之间，在合适的时候，WORKER 把一个 WORK 对象发送给每个 AGENT，然后任何一个 AGENT 完成 MINE 时，将一个经过授权确认的 BLOCK 加上那个更新过的 WORK，组成一个 RESULT 对象发送回 WORKER。

对于新区块被挖掘出的过程，代码实现上大致分为两个环节：

一是组装出一个新区块，这个区块的数据基本完整，包括成员 HEADER 的部分属性，以及交易列表 TXS 和叔区块组 UNCLES[ ]，并且所有交易已经执行完毕，所有收据（RECEIPT）也已收集完毕，这部分主要由 WORKER 完成。

二是填补该区块剩余的成员属性，如 HEADER.DIFFICULTY 等，并且完成授权，这些工作是由 AGENT 调用 <ENGINE> 接口实现体，利用共识算法来完成的，如图 5 所示。

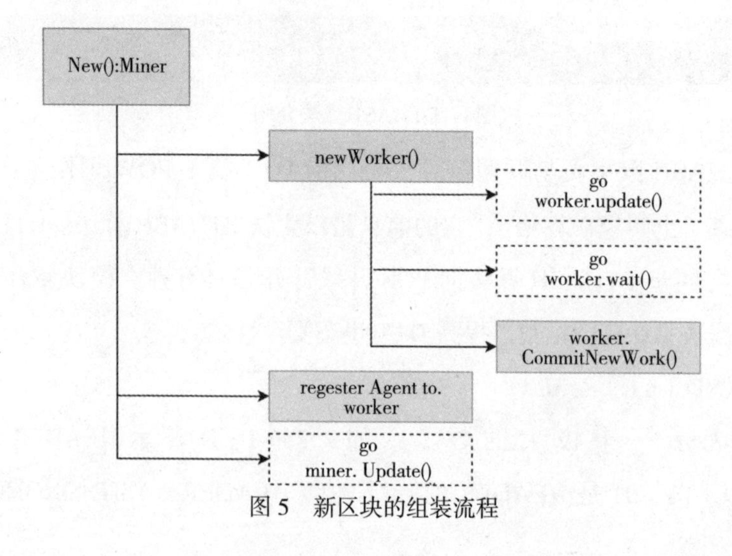

图 5　新区块的组装流程

DTT 挖矿难度计算。DTT 每次挖矿均需计算当前区块难度，按版本不同有三种计算难度的规则，分别为：CALCDIFFICULTYBYZ ANTIUM（BYZANTIUM 版）、CALCDIFFICULTYHOMESTEAD（HOMESTEAD 版）、CALCDIF-FICULTYFRONTIER（FRONTIER 版）。以 CALCDIFFICULTY HOMESTEAD 为例。

计算难度时输入，如表 1 所示。

表1　计算难度输入

parent_timestamp	父区块时间戳
parent_diff	父区块难度
block_timestamp	当前区块时间戳
block_number	当前区块的序号

当前区块难度计算公式：BLOCK_DIFF=PARENT_DIFF+（PARENT_DIFF/2048*MAX（1-（BLOCK_TIMESTAMP-PARENT_TIMESTAMP）//10,-99）+2^（(BLOCK_NUMBER//100000）-2）;

POM 同 POW 整合。POM 的数据是由终端产生，我们认为里程数越长，轨迹点重复率低的情况下，该移动设备越活跃。

将最活跃设备的里程数与近期过往轨迹点做 RAND 计算操作，得出的值配合父块的难度系数作为下一个区块计算难度系数。

这样就达到了 POM 数据同 POW 算法的结合，使 DTT 底层挖矿随机性进一步加强。

举例子：

小王装有设备在每天 8 ～ 9 点、18 ～ 19 点，连续五天开车上下班，小王活跃度第一天是正常参数，从第二天起有加成，连续时间越久活跃度越高，则为 2 倍，如表 2 所示。

表2 加成计算

连续天数	加成系数	实际值	有效值
1	1.0	15Km	15*1.0*1000
2	1.2	15Km	15*1.2*1000
3	1.5	15Km	15*1.5*1000
4	1.8	15Km	15*1.8*1000
5	2.0	15Km	15*2.0*1000

随机选取技术子链。采用阈值签名，提出一个 O（N）信息复杂度的随机数实现方法，基于多层结构的区块链实现。子链的矿工是从海量的节点 POOL 中选择的一部分作为某个子链的共识节点。子链的出块顺序是由子链的矿工通过 ROUND ROBIN 的方式依次出块。与此同时，子链会周期性地将子链状态的 HASH FLUSH 到主链上面。

在提供随机数的子链实现中，每一个子链的矿工通过 VSS 初始化操作实现私钥的可验证分发。然后，每个矿工提交一组阈值签名的片段，当收集到足够多的签名后，即可完成阈值签名的合并，矿工可以产生区块，并以此签名作为智能合约的随机数源，处理智能合约中的相关交易。流程如图 6 所示。

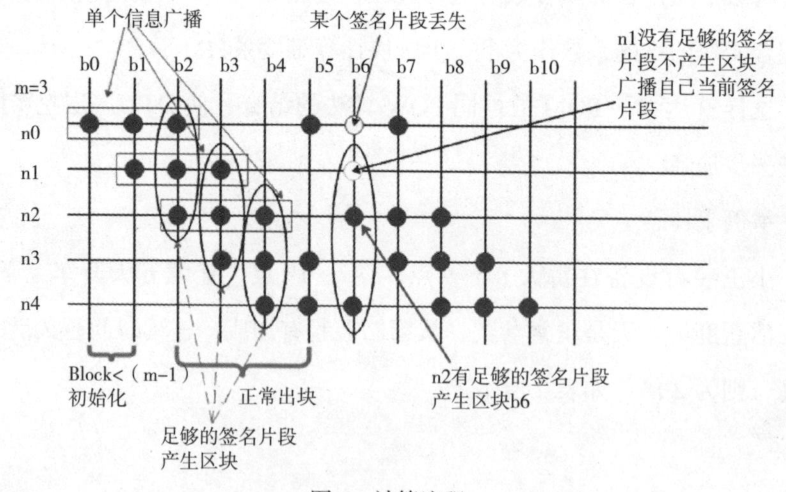

图 6 计算流程

实现了随机数子链，命名为 RANDCHAINNUM，总结优点如下：

解决了现有智能合约获得可靠随机数的困难，随机数由子链的共识节点通过阈值签名的方式获得，安全性高；随机数完全不受单个矿工的影响；拜占庭节点的存在可以延迟某个区块的产生，不会影响随机数的结果；第一个线性消息复杂度的随机数方案，能够支持更多的共识节点，适用性更强；更简化的流程设计，使得智能合约能够直接调用获得当前区块的随机数。

第四项　移动出行通证解决方案未来展望

第一种，移动出行通证解决方案自动驾驶探索。

自动驾驶是一个特别庞大的概念体。对于自动驾驶来讲，从硬件到软件都会发生一次重构，传统汽车在复杂性方面，与自动驾驶是不可同日而语的，简单来说，自动驾驶技术的实现需要感知、决策、执行三个层面的技术。

感知层面：多传感器融合技术无疑是重头戏。为了准确、全面地感知，自动驾驶汽车需要配备激光雷达、毫米波雷达等传感器用于收集环境数据。现阶段传感器除了存在售价高昂、易磨损的难题，其数据的算力不足，导致在感知精度和完整度上尚不成熟也是一个大问题。

因此，进一步增强自动驾驶感知系统的准确度和精度依然是目前重要的发展方向。但无论是提高准确度，还是面对极端恶劣天气条件，抑或是实现商业化落地，移动出行通证都有着举足轻重的地位。

决策层面：相信很多开过车的人都有这样的体会：大部分交通事故其实都是人为因素造成的。真实路况复杂多变，截至目前，即使是技术最为领先的自动驾驶公司 WAYMO，也只能实现简单驾驶环境中的路径规划。一旦进入人流、车流量大的区域，驾驶环境会变得难以预判，行车路径决策面临失效。

执行层面：自动驾驶将驾驶任务全权交给汽车，同时也将乘客的安全全权交给了汽车。因此，自动驾驶容不得半点差错，这无形中也提高了自动驾驶的技术门槛。

移动出行通证解决方案L5级别实验：L5是目前研究汽车自动驾驶技术的最终目标，达到了L5自动驾驶级别的车辆，这意味着在任何场景，遇到任何情况都不需要人为操作，这也意味着车辆的自动化系统已经能完全替代人类驾驶员，所有因素都不需要车主操心，而能够达到完全自动化的车辆，其事故率也会低于人类驾驶汽车。

自动驾驶必须依靠强大的计算力、海量数据、算法与决策，以及传感器的数据采集。AI对自动驾驶的重要性是毋庸置疑的，但AI在自动驾驶当中的应用，需要大量的数据支撑，同时也对深度学习的效率提出了非常高的要求。就目前而言，虽然一些L2和L3级别的自动驾驶车辆已经实现了商业化落地，但距离实现完全自动驾驶，还有很长的路要走。

第二种，拥抱DCEP。

移动出行通证解决方案将会加入央行数字货币使用场景。

自2020年4月DCEP在部分地区内测，央行数字货币在深圳、苏州、雄安、成都及未来的冬奥场景进行内部封闭试点测试以后，也在麦当劳、星巴克等19家商户进行了测试。可以发现，央行数字货币试点场景拓展包括了零售、娱乐、餐饮等实实在在的生活场景，更加紧密地触达C端用户。

从DCEP的试点领域可以看出，牵手互联网公司，央行数字货币一直在寻找使用场景，且更加关注C端用户，因为数字货币的主要使用群体就是C端用户。通过与头部互联网公司的合作，DCEP能尽快进入用户高频使用的场景，而高频的使用也将有助于测试整个数字货币技术体系的各种技术性能，如吞吐量、实时性、容错、安全等，其商用价值与技术发展是相辅相成的。

未来，移动出行通证解决方案将与央行数字货币研究所合作，共同研究探索数字货币在智慧出行领域的场景创新和应用。双方期望通过建立合作关系，促进数字人民币在多元化出行场景中的平台生态建设。

第三种　移动出行通证解决方案拓展：绿色出行 + 社交。

在日常生活中，打车出行并不是年轻人的专属，很多年龄偏大的乘客也需要打车服务，由于人群的特殊性，出行软件不能很好地在他们中间普及。因此，出行软件的盛行给他们带来了出行难的困扰。除此之外，由于目前出行软件的安装非常便利，只要是智能手机均可下载安装，没有严格的验证制度，无法百分之百确定叫到的车子不是“黑车”，因此，也存在一定的安全隐患。

对于出租车司机而言，出行软件具有极强的针对性，乘客找不到车的概率加大，许多人都有过被空车拒载的经验，使得整个社会对出租车行业的抱怨增多了。一方面，对于第三方服务公司，因为出行软件出现时间短，商业竞争模式不成熟，许多软件不得不卷入补贴价格战；另一方面，市场监控不完全，对于出行软件的管理基本上处于空白状态，这就使得运营者的权利得不到保障。

这些问题很普遍，但也很现实。移动出行通证解决方案项目借助区块链技术和 5G 互联网的发展，为出行行业提供了全新的发展运营思路，构成完善而庞大的物联网体系，在解决出行困难的同时，还能为用户带来收益，守护居民出行安全。

应用该项目后，对乘客而言，可以更方便地叫来车辆，覆盖面也更广。类似于预约的使用方法不仅节约了乘客的时间，在一定程度上也缓解了偏僻的地方难以打车的情况。

同时，现在很多出行软件实行的补贴政策也能给乘客节省一部分支出，减轻了乘客的压力，可以增强乘客打车出行的欲望。同时，解决了司机“空车率”的问题，更方便司机查找周围任务，及时赶到客源地，针对性的接单方式，大幅提高了出租车资源的利用率，提高司机的收入水平，有助于促进社会和经济发展。

另外，第三方软件公司抓住区块链机遇，抢占先机投入使用，一旦成功在市场上占有份额，就代表了公司未来将会拥有非常可观的利润。移动出行通证解决方案应运而生，将引领社会生产新变革，推动社会结构升级，为人们带来实实在在的便利，未来可能成为热门出行平台。

与此同时，移动出行通证解决方案还将借助区块链去中心化的特点，逐步建立起相应的社交系统和流媒体服务平台，实现“绿色出行 + 社交 + 近距离社交广告”的体系。

6.3 海南黄花梨+区块链（高附加值商品链）

海南黄花梨，古老而名贵，本是皇亲贵胄才能享用的名木。如今，全球黄花梨共享庄园利用区块链的通证技术，让这一濒临灭绝的树种与数字资产挂钩，成为可防伪、可保值、可分割、可交易、可兑换的商品。这也是区块链赋能实体经济的典型案例，探索区块链技术落地应用的具体场景。

最近十五年内，黄花梨价格翻了数百倍之多，如图 7 所示，小料收购价从 2002 年的 2 万元 / 吨，攀升至如今的 1500 万 ~1800 万元 / 吨，其中，大料从 6 万元 / 吨，涨至 2000 万元 / 吨。国际黄金价格也只是从 300 美元 / 盎司，涨至 1900 美元 / 盎司。

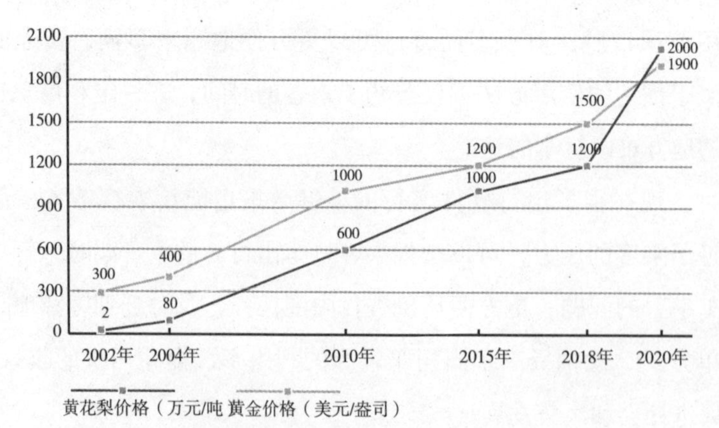

图 7 黄花梨和黄金的价格走势

与以前黄花梨价格上涨保持同步的是，因为木料的稀缺性以及市场需求的增长，新生黄花梨的价格同样保持很高的增长幅度。高附加值商品链（海南黄花梨）是基于数字贸易联盟链（DTC）底层技术，项目是基于区块链技术开发的溯源防伪平台，上千棵、总计价值数十亿元的黄花梨上链溯源，用户全网可查，实现了交易流通环节的防伪保真和确权存证，如图 8 所示。

图 8　海南黄花梨产权通证

高附加值商品链（海南黄花梨）团队对每一棵树苗进行了电子设备的植入，记录每一棵黄花梨的生长数据信息，并上链保存，从源头上保证数据的真实性。之后的生产、加工、包装、运输、销售、消费等环节同样做到了全程可追溯。

高附加值商品链（海南黄花梨）使用技术建立溯源体系的同时，高附加值商品链（海南黄花梨）团队未来还将采用电商 + 社交的模式，打造基于区块链技术的电商平台。平台之上，商家和买家除了交易，还可以通过互评，形成对个人行为具有约束影响的信用体系，从而使信用根植整个体系，促进公平、公正、公开交易理念向整个体系的渗透。

在交易之外，高附加值商品链（海南黄花梨）还顺应旅游文化蓬勃发展的趋势，围绕黄花梨开拓出投资、文化旅游等业务，进一步拓展黄花梨上下游的外延。普通人既可以到黄花梨的源头、生产企业以及黄花梨艺术品展馆旅游，同时还能投资正处于生长状态的黄花梨树苗，起到投资保值的作用，如图 9 所示。

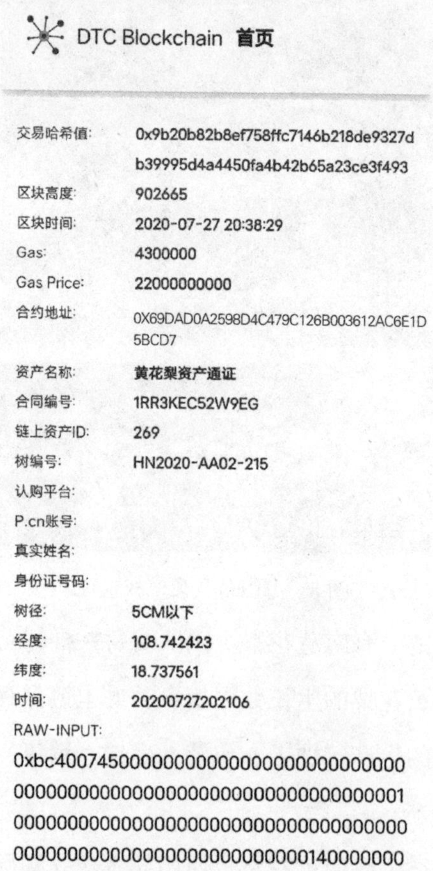

DTC Blockchain **首页**

交易哈希值: 0x9b20b82b8ef758ffc7146b218de9327d
b39995d4a4450fa4b42b65a23ce3f493
区块高度: 902665
区块时间: 2020-07-27 20:38:29
Gas: 4300000
Gas Price: 22000000000
合约地址: 0X69DAD0A2598D4C479C126B003612AC6E1D
5BCD7
资产名称: **黄花梨资产通证**
合同编号: 1RR3KEC52W9EG
链上资产ID: 269
树编号: HN2020-AA02-215
认购平台:
P.cn账号:
真实姓名:
身份证号码:
树径: 5CM以下
经度: 108.742423
纬度: 18.737561
时间: 20200727202106
RAW-INPUT:

0xbc4007450000000000000000000000000
000000000000000000000000000000000001
000000000000000000000000000000000000
000000000000000000000000000140000000

图9　高附加值商品链（海南黄花梨）

合约地址：0X69DAD0A2598D4C479C126B003612AC6E1D5BCD7

区块上升高度：902665

6.4 数字贸易联盟链（DTC）成立万业互联孵化基地

数字贸易联盟链（DTC）是一个支持平行链和侧链的区块链网络，并为其他平行链提供跨链服务。为构建以后DAPP的运行基础网络，DTC会推出数字贸易联盟链（DTC）APP，开发者通过数字贸易联盟链（DTC）开发者平台快速创建和发布自己的DAPP，并将其发行到数字贸易联盟链（DTC）APP，用户无须下载即可在APP中使用DAPP提供的所有服务。

区块链有望重新塑造人类互联网活动形态，进而改变社会生产关系。联盟链将是未来探索的主要方向，也会进一步推进数字贸易联盟链（DTC）的社会化部署，DTC自身仅作为节点参与其中。除了支持DTC现有业务，数字贸易联盟链（DTC）也将全面支持共享经济下的新型产业结构。DTC计划联合产业翘楚和地方机构，成立区块链产业基金以及孵化基地，对DAPP开发者在各方面资源都有一定限度的支持和倾斜。

DTC将重点赋能、支持利用区块链技术解决食品安全、商品质量、新零售、新制造、供应链金融、知识产权的保护和交易、出行、旅游、社交和游戏等项目，响应国家共享经济模式的大方针和指导方向。DTC后期会通过开源鼓励开发者上链，进一步推动区块链重构互联网生态及应用形态可能性后的重要布局。

附录7　数字贸易联盟链（DTC）未来规划

全球数字贸易产业联盟创建于 2006 年 9 月 25 日，由致力于数字贸易产业的机构联合发起，是一个以培育和发展中国及全世界数字贸易的共同利益并提高交易中的规则标准为目的机构，联盟秘书处设在深圳数贸联合发展有限公司。

全球数字贸易产业联盟与政府机构、社会团体、新闻媒体、科研院所、高等院校以及领先互联网企业共同实现这一目标。预计到 2020 年年底，联盟数字贸易产业领域成员可能达到 10 万个，这些成员主要分布在中国香港、中国澳门等城市，以及美国、俄罗斯、印度尼西亚等国。联盟欢迎互联网公司、研究机构、实体企业和致力于数字贸易产业的机构和个人积极参与并加入联盟。

联盟的主要任务是：

领导、教育、促进、自我调整和提高数字贸易参与者利润。

联盟的宗旨：

通过联盟成员之间的资讯共享、数字交易、融资互助、联合运营等方式，达到并推动机构间的和谐发展。

联盟的主要目标包括：

A. 以统一的规则标准和管理体系联合全世界数字贸易产业；

B. 向公众、媒体和政府宣传数字贸易是可信赖的、创新的、领先的商业模式；

C. 最大限度地发挥自身优势和服务质量，鼓励产业链公司之间公平竞争；

D. 将数字贸易产业的各类机构整合为世界范围的交易网络；

E. 传播最优秀的数字贸易业务形态和新的贸易机会，增加行业会员的发展和利润率；

F. 以专业知识和经验为基础，通过教育、培训授予专门证书来提高职业整体水平，通过预测未来变化和增强会员对新的知识与体制的了解，来领导数字贸易产业走向的未来；

G. 通过国家间相互支持和无偿的信息交流，鼓励世界范围内的数字贸易业务扩展；

H. 解决会员在数字贸易领域中存在的问题，像特许、合并、管理、税收、会计等；

I. 用一系列综合性的服务帮助新成立的数字贸易公司；

J. 促进数字贸易产业的资本流动。

联盟的未来愿景：

扩充数贸联盟理事会，使其包含大约 100 名分布在世界各地的多元化成员，所有成员均担当 DTC 区块链的联盟节点。

在当前提出的治理结构的基础上，为委员会制定全面的章程和一系列细则并予以采用。

数贸联盟委员会的常务委员们将继续组建日常的执行团队。

选定肩负共同使命的社会影响力合作伙伴，并与他们合作建立社会影响力咨询委员会和制订社会影响力计划。

DTC 旨在安全稳定的联盟区块链基础上，构建一个产业化、联盟化的区块链技术基础设施，并由产业联盟委员会管理。

2019.11
DTC发布
DTC白皮书发布，并为产业联盟的区块链技术提供底层支持，并与DCEP深度结合。

2020.06
发行DTT
DTC联盟链发行DTT（数字贸易通证），DTT作为联盟链核心通证应用在数字贸易产业内的所有环节。

2020.07
接入生态
DTT通过DTC逐步接入联盟内的应用生态为生态内企业和应用提供区块链技术服务。

2020.09
联盟矿机
通过产业联盟委员会审议并制定联盟矿机的发行政策，并在产业内销售。

2020.10
企业通证
通过DTC提供的联盟矿机为产业内的企业提供发行企业通证的技术基础。

图 10　数贸联盟链的发展回顾

联盟渴望创造更完善、更实惠的开放式联盟区块链服务，人们无论身份、地域、职业、贫富，均可享受到这种服务。

后记　区块链才刚刚开始

从 2018 新年开始，区块链技术就开始“火”了。一方面是因为区块链技术的成熟程度进一步增加，另一方面与产业的结合更紧密了。随着区块链经济规模的增长，去中心化模式与目前各行各业普遍采用的中心化结构不断获得差异化发展。区块链技术是一种颠覆性技术，有望打造“价值互联网”，推动经济体系实现技术变革、组织变革和效率变革，只有在产业场景落地才能彰显其内在价值，而是否与实体经济深度融合将是其未来发展的关键。

当今时代，社会制度的核心机制是“中心化”，机关、银行、交易所、公司等都是中心。这些中心根据各自承担的职能，对资源和信息、交易等社会运行涉及的资源进行集中或分散，社会成员通过与各类中心的互动而获取财富、履行职责，并且与其他成员建立联络。当然，并不是说人类所有的行为都需要借助中心来完成，但“中心化”无疑是社会运行最主要的模式。

实际上，推动实体经济是从改变产业玩法、降低产业成本、提升产业效率、改善产业环境开始的。通过交易上链，达到降成本、提效率、打造诚信环境的目的。

区块链技术被认为是继蒸汽机、电力、互联网之后的颠覆性创新。如果说蒸汽机和电力解放了生产力，互联网改变了信息传递的方式，那么区块链作为构造信任的机器，将会改变价值的传递方式。

但是，当前的区块链技术仍处于萌芽期，很多项目还没有成功落地，就像襁褓中的婴儿，不成熟的表现此起彼伏。早期通过物欲吸引流量，然后集聚流量，通过社会心理学吸引有能力的人才加入，这种局面不会长久，会让人焦躁狂热，无法静心。

一定要记住：区块链是一种技术。技术要应用，要服务于社会，要创造价值，并不是靠炒作产生价格，区块链靠应用产生价值。只有放弃一夜暴富的想法，专心进入区块链学习与创业中，才是抓住区块链时代机会该有的姿态。初期的泡沫破灭，繁华散尽，梦想一夜暴富的投机者都会黯然离场，而坚持下来的都是有信仰的人。坚信区块链是第四次工业大革命，全情投入，将区块链技术落地应用，才是真正区块链时代的开始！